Slavisa Popovic
Jovana Dzoljic

# Indicadores florestais da Sérvia através do CORINE Land Cover

Slavisa Popovic
Jovana Dzoljic

# Indicadores florestais da Sérvia através do CORINE Land Cover

ScienciaScripts

**Imprint**
Any brand names and product names mentioned in this book are subject to trademark, brand or patent protection and are trademarks or registered trademarks of their respective holders. The use of brand names, product names, common names, trade names, product descriptions etc. even without a particular marking in this work is in no way to be construed to mean that such names may be regarded as unrestricted in respect of trademark and brand protection legislation and could thus be used by anyone.

Cover image: www.ingimage.com

This book is a translation from the original published under ISBN 978-3-659-81508-9.

Publisher:
Sciencia Scripts
is a trademark of
Dodo Books Indian Ocean Ltd. and OmniScriptum S.R.L publishing group

120 High Road, East Finchley, London, N2 9ED, United Kingdom
Str. Armeneasca 28/1, office 1, Chisinau MD-2012, Republic of Moldova, Europe
Printed at: see last page
**ISBN: 978-620-8-16071-5**

## Conteúdo

# CAPÍTULO 1. INTRODUÇÃO

## *1.1. Cobertura do solo*

A compreensão das alterações da ocupação e do uso do solo exige um bom planeamento do desenvolvimento sustentável. A transformação da ocupação e do uso do solo induzida pela atividade humana afecta fortemente a integridade do sistema de recursos naturais e a produção de bens e serviços dos ecossistemas. A aplicação de objectivos cuidadosamente planeados e o desenvolvimento de novos padrões de ocupação e utilização do solo podem melhorar o bem-estar das pessoas (Millennium Ecosystem Assessment, 2005).

As contas são frequentemente utilizadas para representar muitos tipos de activos ambientais. À semelhança destas, as contas fundiárias são criadas para descrever a forma como o stock de recursos muda ao longo do tempo de uma forma consistente e sistemática. Utilizando a informação fornecida por estas contas, é possível compreender as implicações das alterações do tipo de terreno.

A ocupação do solo não representa apenas um simples atributo da qualidade do solo, mas apresenta também um conjunto básico e concreto de caraterísticas naturais e antropogénicas produzidas pela sua utilização. Uma vez que a ocupação do solo representa um sistema dinâmico, pode ser alterada, modificada, degradada ou destruída (consumida) e, consequentemente, podem ser gerados novos tipos. A transformação dos bens de capital é muito semelhante a estas alterações da ocupação do solo - consumo e nova formação. De um modo geral, a terra não pode ser criada ou destruída, com exceção do processo de erosão e acreção costeira que causa alterações visíveis. Por conseguinte, as alterações da ocupação do solo são geralmente caracterizadas em termos de diferentes tipos de fluxos entre padrões de ocupação do solo. Uma das principais prioridades das contas de ocupação do solo, tendo em conta os factos acima referidos, deve ser a compreensão do modo como as diferentes utilizações do solo e as existências de ocupação do solo se transformam ao longo do tempo.

As contas de activos, no que diz respeito ao objetivo de desenvolvimento sustentável, são geralmente relevantes para a medição do progresso. Uma vez que as pessoas tendem a manter o seu bem-estar, a tónica deve ser colocada no fornecimento de recursos naturais ao ecossistema para manter a sua capacidade ou na procura de substitutos para o capital natural na economia para fornecer um contributo equivalente. Simultaneamente, as contas de activos são também relevantes para as questões de equidade intra e intergeracional decorrentes do desenvolvimento sustentável, uma vez que são utilizadas para acompanhar as mudanças na qualidade do stock de capital natural ao longo do tempo.

A importância da ligação entre o património fundiário e os habitats e a biodiversidade é significativa. Os resultados do trabalho realizado sob os auspícios da Avaliação do Ecossistema do Milénio mostraram que muitos aspectos do bem-estar humano dependem tanto de espécies ou elementos individuais do ambiente natural como dos bens e serviços gerados por ecossistemas inteiros (Avaliação do Ecossistema do Milénio, 2005). Por conseguinte, a compreensão das funções dos ecossistemas que conduzem a estes bens e serviços, juntamente com a compreensão dos efeitos da atividade humana na integridade dos ecossistemas, são parte fundamental do planeamento do desenvolvimento sustentável (Mijovic et al., 2012).

A Comissão Europeia, em meados da década de 1980, lançou a iniciativa CORINE (Coordenação da Informação sobre o Ambiente) com o objetivo de criar a primeira base de dados e um sistema de referência geográfica para o ambiente europeu.

Os dados relativos à ocupação do solo para CORINE foram obtidos a partir da análise de imagens de satélite obtidas por deteção remota (Relatório da AEA, 2006). As informações obtidas por esta via são particularmente úteis para efeitos de construção de uma conta de ocupação do solo. As diferentes unidades populacionais de cada tipo de ocupação do solo existentes na Europa podem ser estimadas utilizando este tipo de informação e, ao mesmo tempo, podem ser utilizadas para acompanhar as alterações entre anos, por exemplo, 1990 e 2012. No que se refere às florestas, o consumo e a formação são processos opostos, como a desflorestação e a reflorestação, e, juntamente com os processos internos de abate e replantação, fazem parte do ciclo de gestão florestal.

A cartografia CORINE de base foi efectuada à escala de 1:100 000. Embora este nível de resolução espacial seja suficientemente pormenorizado para avaliações à escala europeia, é relativamente grosseiro para a cartografia local. Tendo em conta os factos acima referidos, o CORINE Land Cover (CLC) pode ser útil para a compreensão das alterações do contexto ambiental. Um outro aspeto das limitações advém da resolução espacial dos dados CORINE, uma vez que dizem respeito à dimensão da unidade mínima de cartografia, que é fixada em 25 ha, e à largura mínima de 100 metros (Heymann et al., 1994). Para a deteção de alterações de rastreio, a unidade cartográfica mínima foi fixada em 5 ha. No que diz respeito à resolução espacial das unidades de mapeamento para as unidades populacionais, muitas classes são heterogéneas.

Os dois principais elementos da floresta são as florestas em pé e as florestas de transição e a vegetação arbustiva. O primeiro deles, a floresta em pé, pode ser dividido em grupo de folhosas, grupo de coníferas e grupo de florestas mistas. O segundo elemento, a floresta de transição e a vegetação arbustiva, representa a componente mais pequena e parece ser muito mais dinâmica.

Entre 1990 e 2000, a cobertura florestal aumentou cerca de 4% a nível global, mas na Sérvia a mudança foi dificilmente mensurável (Popovic et al., 2011). No entanto, uma vez que a magnitude dos fluxos para consumo e formação foi quase a mesma que para a floresta em pé, houve uma rotação significativa do stock inicial deste recurso. No que diz respeito aos factos que a conta de terras mostra, quase 34% da cobertura inicial de vegetação de bosques de transição e arbustos foram transformados, onde apenas 85% do stock de 1990 foi transportado para 2000 (Relatório EEE, 2006).

O carácter do elemento de transição bosque e arbusto em comparação com a floresta em pé reflecte muito provavelmente o seu estado "sucessional". Por conseguinte, pode dizer-se que existe uma transferência significativa de um elemento para outro durante o período contabilístico e, ao mesmo tempo, adições significativas através do processo de reflorestação e abandono agrícola. Um facto interessante a notar é também que a floresta de transição e os arbustos constituem a parte mais vulnerável da vegetação, devido à suscetibilidade da sua conversão em superfícies agrícolas ou artificiais.

Os dados, utilizados para acompanhar as alterações na extensão das áreas florestais e semi-naturais, fornecem uma boa base de referência para avaliar a futura política de ordenamento do território e os impactos do desenvolvimento, especialmente os impactos da agricultura no sistema de recursos naturais.

Embora estes dados possam ser úteis para identificar tendências gerais, provavelmente só é possível obter informações sobre os processos activos no terreno através de uma análise espacial mais pormenorizada. Análises como esta e outras semelhantes podem ser efectuadas utilizando a grelha contabilística em que estes dados se encontram.

## *1.2. Informações gerais sobre os indicadores*

Na Europa, são utilizados muitos indicadores florestais. Alguns deles foram normalizados numa Conferência Ministerial sobre a Proteção das Florestas na Europa (Conferência Ministerial sobre a Proteção das Florestas na Europa, 2007). Relativamente às caraterísticas do terreno, cada país adaptou estes indicadores à sua situação específica.

Atualmente, os indicadores tornaram-se um tema quente nas questões ambientais. Existem muitas ideias e definições sobre o que devem apresentar. A partir do ponto de referência, as afirmações que se seguem apresentam um breve resumo do que é um indicador e de que forma os relatórios que dele resultam podem apoiar o desenvolvimento e a integração da preocupação ambiental na questão de base do sector.

A função mais importante e principal dos indicadores é fornecer um bom instrumento de comunicação. Os indicadores ambientais devem fornecer informações críticas para compreender a evolução dos problemas ambientais. É com base nestas informações que os decisores decidem se devem ou não tomar medidas. Os indicadores representam principalmente a aproximação da imagem real em vez da realidade, apresentando a forma de informação dos dados brutos e da informação transportada.

Ao mesmo tempo, os indicadores podem ser utilizados para exprimir o estado de um sistema complexo, condensando-o numa mensagem simples e mais fácil de gerir. Cada indicador mostra apenas parte da história e, combinando-os, torna-se possível obter uma visão complexa e necessária.

### *1.3. Indicadores - contexto fundamental*

A Organização para a Cooperação e o Desenvolvimento Económico (OCDE) tem como principal objetivo promover políticas que melhorem os indicadores, tendo em conta três critérios básicos (OCDE, 2001):

> Ser relevante para as políticas,

> Ter solidez científica e

> Viabilidade no que respeita à disponibilidade dos dados

> Interpretação de uma forma clara e fácil de compreender.

#### *1.3.1. Relevância política dos indicadores*

Os indicadores devem ser úteis e relevantes para ajudar na elaboração de políticas e na avaliação. Até há pouco tempo, a simples existência de estatísticas era utilizada como indicador, mas não era reconhecida como a melhor solução. Por conseguinte, os indicadores devem ser desenvolvidos com base na qualidade política de serem úteis para a política e a tomada de decisões. A OCDE definiu a sua relevância com base no sistema Pressão/Estado/Resposta (PSR), ou na sua versão alargada de avaliação do quadro, adoptada pela Agência Europeia do Ambiente (AEA), conhecida como Forças motrizes/Pressão/Estado/Impactos/Resposta (DPSIR) (AEA, 2007).

A explicação mais pormenorizada da DPSIR acima referida pode ser explicada da seguinte forma:

- As forças motrizes referem-se a actividades humanas como a produção, o consumo, os transportes e a habitação;
- A pressão inclui a emissão de poluentes, a deposição de resíduos, a extração de recursos naturais e a utilização dos solos;
- Explicar os efeitos da pressão sobre os suportes físicos no que respeita à sua qualidade;
- Os impactos são utilizados para explicar os efeitos da pressão e da qualidade dos meios físicos no estado do ecossistema, na saúde pública e nas condições de vida;
- A resposta refere-se às reacções da sociedade às questões ambientais.

Mais ou menos todos os países publicaram muitos indicadores a nível nacional numa base mais ou menos regular. Alguns deles centram-se em indicadores-chave e outros em indicadores de desempenho ambiental.

A Comissão das Nações Unidas para o Desenvolvimento Sustentável (UNSDC), juntamente com muitas outras instituições de investigação científica, sugeriu recentemente o teste de uma lista mais longa e mais pormenorizada de indicadores de desenvolvimento sustentável, em vez de uma lista curta.

Por outro lado, isso pode causar muitos problemas de sobreposição devido à superabundância que causa questionamentos, dúvidas e críticas. A expressão que explica exatamente este problema é bem conhecida como "cemitério de indicadores". No caso de o indicador dever ajudar no processo de tomada de decisão e na avaliação, a utilização de demasiados indicadores pode criar "ruído" em vez de esclarecer a situação. Ao mesmo tempo, não é viável desenvolver muitos indicadores relevantes. Por essa razão, em caso de falta de disponibilidade de dados ou de financiamento suficiente, estes indicadores permaneceriam por realizar a médio ou longo prazo.

### *1.4. A dimensão territorial dos indicadores*

A importância da alteração da utilização e da ocupação do solo é significativa para vários temas e questões devido à sua ligação mútua em todos os aspectos. Por exemplo, no estudo das alterações ambientais globais, a informação sobre a utilização e a ocupação do solo desempenha o papel mais importante. Esta informação constitui a principal base para o desenvolvimento sustentável, os sistemas de subsistência e o ciclo biogeoquímico da Terra, bem como para os níveis atmosféricos de gases com efeito de estufa e outros gases vestigiais.

Este facto pode ser bem explicado pela situação que se vive nas regiões montanhosas da Europa, uma vez que o clima tem implicações significativas na distribuição vertical do biota. Na região montanhosa ocorre um gradiente vertical de distribuição da flora e da fauna. Estes vão desde as zonas alpinas reduzidas, com espécies específicas ameaçadas, até às zonas onde predomina o impacto indireto nos ecossistemas e nas populações das planícies próximas, que dependem da água da região montanhosa (Millennium Ecosystem Assessment 2005).

À semelhança do tema global das alterações climáticas, muitos outros exames podem ser efectuados utilizando informações sobre as alterações na utilização e ocupação do solo. No entanto, os tópicos sobre sustentabilidade são os mais utilizados e incluem os seguintes tópicos:

- Utilização do solo e taxas de erosão
- Marinagem dos nutrientes do solo
- Utilização da água
- Potencial agro-ecológico/capacidade de carga
- Planeamento rural/ambiente e desenvolvimento
- Política a nível nacional e internacional (Dedijer et al., 2007).

A informação sobre a alteração do uso/cobertura do solo pode ser útil para apoiar e mesmo orientar os desenvolvimentos na modelação e avaliação integradas. Devido às suas numerosas e importantes funções, os ecossistemas, juntamente com as terras de apoio, são valorizados como recursos. Por conseguinte, a degradação, independentemente de se tratar de um ecossistema ou de um terreno de apoio, conduz a perdas em termos de utilização ou a alterações irreversíveis que devem ser consideradas como um esgotamento dos recursos disponíveis para determinar a qualidade ou o potencial de reprodução desse recurso.

Devido às razões acima referidas, os objectivos políticos devem manter e melhorar a disponibilidade dos recursos para várias utilizações e conservar o seu potencial de renovação. As alterações dos sistemas naturais e as exigências humanas no futuro devem ser acompanhadas por políticas com uma abordagem global. As utilizações múltiplas dos mesmos recursos conduzem à definição de políticas óptimas que exigem debates e a consideração de compromissos para todas as opções possíveis.

### *1.5. Ligação entre os ecossistemas florestais e as pessoas*

Há muito tempo que as pessoas reconhecem a floresta como um dos principais recursos importantes para a sua existência, proporcionando-lhes comodidades, biodiversidade e possibilidade de conservação do solo. Ao mesmo tempo, os ecossistemas florestais apresentam sistemas vulneráveis e em perigo, por exemplo, estão sujeitos a danos causados por incêndios, etc. (Radovic, 2015).

A urbanização pode ter impactos positivos e negativos. Exemplos bem conhecidos de impactos negativos incluem o escoamento da água (aumento da quantidade e da velocidade dos fluxos) seguido da concentração de poluentes nos sistemas de drenagem, a desflorestação e o aumento do nível de erosão do solo, a fragmentação dos habitats, etc. Os aspectos positivos incluem a florestação para melhorar as potencialidades desportivas e recreativas, bem como as infiltrações de água significativas para a quantidade de água potável, o impacto na conservação e a melhoria da biodiversidade.

É bem sabido que as florestas são uma parte importante do ambiente urbano, tanto para os habitantes como para os turistas. A floresta em redor das cidades pode ser utilizada em função da sua acessibilidade e disponibilidade. A quantidade de floresta em redor da cidade (50 km) varia muito na Europa e o CORINE Land Cover foi utilizado para quantificar esta informação. Os resultados da análise mostraram que na Europa Oriental, Central e Setentrional as áreas florestais perto das cidades tendem a cobrir áreas maiores. De acordo com os resultados do inquérito, a maioria dos habitantes urbanos vive a menos de 15 minutos a pé de, pelo menos, uma área verde, embora haja uma distribuição diferente de áreas verdes em várias cidades. Se a paisagem de uma cidade tiver um número suficiente de zonas florestais próximas, existe um risco elevado de fragmentação.

Em termos de quantificação das diferentes relações entre florestas e áreas urbanas, os indicadores são reconhecidos como muito úteis, especialmente para os decisores políticos. A informação obtida por esta via deve incluir a conservação, a sustentabilidade do ecossistema florestal, o abastecimento de água, o turismo urbano, a expansão e as ligações de transporte (Popovic et al., 2011).

As alterações na taxa e na qualidade da paisagem podem ser facilmente determinadas por indicadores adequados como a ocupação do solo. Além disso, para manter a estabilidade ecológica e tomar decisões e planear adequadamente, é necessário estudar as alterações na paisagem causadas por processos naturais e artificiais, bem como fazer e considerar os resultados das avaliações de impacto. Os resultados da análise da ocupação do solo podem ajudar a revelar a ligação das intervenções socioeconómicas e políticas (Popovic et al., 2015).

Ao mesmo tempo, a avaliação das tendências de desenvolvimento, do ponto de vista ambiental e ecológico, pode ser obtida através da análise das alterações da ocupação do solo. Assim, hoje em dia, utilizando este tipo de metodologia, é possível avaliar as caraterísticas da paisagem em primeira linha: diversidade, importância ecológica, capacidade de carga, estabilidade e atratividade (importante para avaliar a função eco-estabilizadora da paisagem). Os resultados da análise das alterações da paisagem fornecem informações importantes para o planeamento e a gestão da paisagem.

Em relação a todos os factos acima mencionados, é fácil concluir que a alteração da ocupação do solo como indicador pode mostrar:

- causas potenciais da alteração do tipo principal de paisagem através da compreensão das pressões socioeconómicas;

- A informação relevante sobre a magnitude e a distribuição espacial da mudança provém do trabalho de combinação de estatísticas e mapas;

- A reclassificação das classes CORINE Land Cover em função das principais alterações da paisagem fornece informações adequadas e relevantes para as políticas (incluindo a urbanização, a desflorestação, etc.);

- As informações sobre as alterações da paisagem, combinadas com os intervalos de intensidade dessas alterações e as alterações recalculadas numa apresentação em grelha, proporcionam uma apresentação adequada para a cartografia.

A Agência Sérvia de Proteção do Ambiente (SEPA, Sérvia) estabeleceu indicadores para a monitorização da área florestal no território da Sérvia de acordo com a sua importância e forneceu dados para o período de 1990-2012 (Radovic, 2015). Para monitorizar a área florestal na Sérvia, foram criados cinco indicadores:

- Área florestal,
- Paisagem florestal,
- Modelo alemão de paisagem florestal,
- Terras florestais e
- Floresta e zona semi-natural.

É importante mencionar que estes indicadores se sobrepõem, mostrando ao mesmo tempo semelhanças, mas também diferenças em alguns segmentos. Esta sobreposição pode ser útil para contar a dinâmica das alterações da vegetação, analisando cada um deles e apresentando caraterísticas espaciais e temporais (tendência da dinâmica).

Estes indicadores fornecem igualmente informações úteis para a análise da vegetação a nível nacional ou para a parte do território do Estado, ou para diferentes análises económicas.

As razões para estabelecer estes indicadores na Agência Sérvia de Proteção do Ambiente são a sua compatibilidade com os indicadores da Agência Europeia do Ambiente, Copenhaga, Dinamarca e outras instituições internacionais relevantes, bem como com a qualificação a nível nacional.

Aqui serão apresentados os resultados da análise dos indicadores florestais com base na metodologia CORINE Land Cover, para o período 1990-2012.

# CAPÍTULO 2. METODOLOGIA

## *2.1. DADOS - CLC Classis*

O Programa CORINE Land Cover (CLC) começou a desenvolver-se aplicando a metodologia de recolha de dados sobre a ocupação do solo com base em imagens de satélite impressas. Em meados dos anos oitenta e no período inicial do programa, esta era a abordagem mais viável, mas a sua utilização estava limitada apenas ao processamento de imagens e à utilização de software SIG. Este procedimento apresentou bons resultados que provaram os seus méritos como valioso.

As explicações sobre a definição das classes são dadas aqui e apresentam critérios definidos pelo CORINE Land Cover (Bossard et al., 2000).

### *2.1.1. Zona agroflorestal (classe 243)*

As terras ocupadas principalmente pela agricultura, com áreas significativas de vegetação natural, são definidas como Classe 243 (Fig. 2.1.)

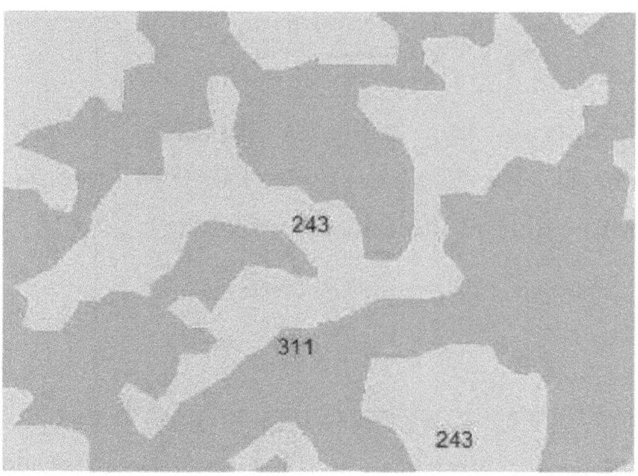


Fig.2.1. Demonstração representativa das classes mencionadas num exemplo de terra arável com uma quantidade significativa de áreas com vegetação natural na Sérvia (classe 243).

Esta classe refere-se predominantemente a áreas ocupadas principalmente por agricultura, mas intersectadas por uma quantidade significativa de áreas naturais. Uma quantidade significativa de zonas naturais inclui a origem da vegetação natural e semi-natural, incluindo zonas húmidas e massas de água, fora das culturas.

As zonas agro-florestais incluem parcelas de terras aráveis com menos de 25 ha, parcelas de pomares, vinhas e plantações de bagas com menos de 25 ha; em seguida, parcelas de restos de florestas naturais, grupos de árvores e arbustos com menos de 25 ha; pequenas áreas de massas de água; casas de povoamento rural ou edifícios agrícolas de ocorrência esporádica; estruturas lineares de árvores organizadas para a produção de trufas; hortillonage (culturas hortícolas e canais); agricultura e montes de pedras dispersos.

Esta rubrica exclui as terras agrícolas associadas a pequenas parcelas de árvores de fruto/olivais sem vegetação natural (classe 242); as pequenas ilhas de vegetação marcadas como classe 243, obtidas através da cartografia das unidades florestais < 25 ha com um tampão de terras agrícolas para atingir unidades > 25 ha; as zonas em que a percentagem de zonas agrícolas é superior a 75 % (classes 21x, 22x ou 23x); as zonas em que predominam as zonas semi-naturais (mais de 75 %) (classes 3xx).

### *2.1.2. Florestas*

De acordo com os critérios definidos pelo CORINE, a área florestal na zona de clima temperado é definida como a área principalmente ocupada por florestas e bosques com um padrão de vegetação composto por árvores coníferas e/ou caducifólias nativas ou exóticas e que pode ser utilizada para a produção de madeira ou outros produtos florestais.

A floresta é definida como árvores desenvolvidas em condições climáticas normais, com altura superior a 5 m e com um fecho de copa de, pelo menos, 30%. No caso das plantações jovens, o ponto de corte mínimo é de 500 indivíduos por hectare.

Cada uma destas classes é determinada com base nos seguintes critérios:

#### Florestas de folhosas (classe 311)

A floresta de folhosas é definida como uma formação vegetal composta principalmente por árvores, com predomínio de espécies de folhosas, incluindo sub-bosques de arbustos (Figura 2.2.).

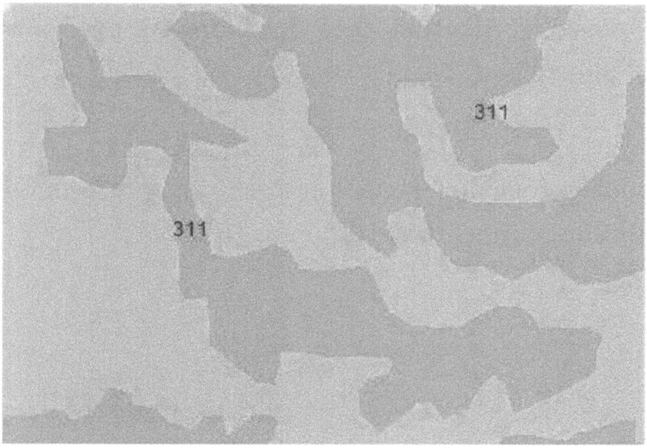


Fig.2.2. Demonstração representativa da classe citada no exemplo de uma floresta de folhosas na Sérvia (classe 311).

Esta classe inclui áreas com um coberto florestal superior a 30 % ou uma densidade de 500 indivíduos/ha para a estrutura da plantação, em que as árvores de folha larga representam mais de 75 % do padrão de plantação. No caso de plantas jovens ou de plântulas, a proporção de plantas de folha larga a considerar é de, pelo menos, 75 % da quantidade total de plantas.

Esta rubrica inclui: plantações de eucalipto; plantações jovens de árvores de folha caduca; nogueiras e castanheiros utilizados para a produção de madeira incluídos no contexto da área florestal; florestas esparsas de folha larga com um coberto de copa entre 30 % e 60 %; bosques de folha larga de folha perene compostos por árvores esclerófilas (principalmente *Quercus ilex, Quercus suber, Quercus rotondifolia);* matos arborescentes com espécies esclerófilas; florestas de oliveiras e alfarrobeiras dominadas por *Olea europaea sp. sylvestris*, *Ceratonia siliqua*; bosques de palmeirais (um único caso encontrado na Grécia); bosques de azevinho dominados por *Ilex aquifolium;* bosques de tamarix; dunas arborizadas de folhosas; zonas de bosque de transição quando o encerramento do copado das árvores cobre mais de 50 % da área e quando o seu diâmetro médio ao peito é de pelo menos 10 cm; manchas desnudadas e prados.

Da floresta de folhosas são excluídas as zonas queimadas no interior de zonas florestais (classes 32x ou 334); as árvores coníferas não perenes dominadas por espécies de *Larix* (classe 312); as zonas florestais compostas por árvores de folhosas com menos de 5 m de altura (classe 322); as zonas com vegetação em que o coberto vegetal das árvores de folhosas é inferior a 25 % (classe 324); viveiros florestais especializados na reprodução situados em zonas arborizadas de folhosas (classe 324); cortes rasos (classe

324, aplicável aos países Phare[1] ); viveiros florestais fora das florestas para fins comerciais (classe 211); parques florestais (classe 141).

**Florestas de coníferas (classe 312)**

Esta classe inclui a vegetação constituída principalmente por árvores, com predomínio de espécies coníferas, incluindo sub-bosques arbustivos e arbóreos (Fig.2.3.).

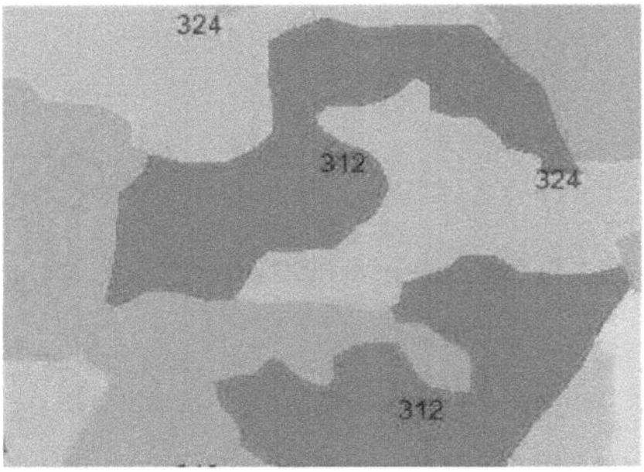


Fig.2.3. Demonstração representativa da aula citada sobre exemplos de florestas de coníferas na Sérvia (aula 312).

Nesta classe, as árvores de coníferas representam mais de 75 % da formação. No caso de plantas jovens ou de plântulas, a proporção de plantas de coníferas a considerar é de, pelo menos, 75 % da quantidade total de plantas e a sua textura é muito semelhante à textura de uma floresta de coníferas circundante.

Esta rubrica inclui: bosques de coníferas não perenes compostos por lariços *(Larix spp.);* plantações jovens de coníferas; dunas arborizadas de coníferas; matorrais arborescentes com dominância de *Juniperus oxycedrus/phoenica;* terrenos arborizados de coníferas; plantações de árvores de Natal; manchas desnudadas e prados; cortes rasos (aplicável aos países da União Europeia).

Excluem-se da classe das florestas de coníferas: árvores de coníferas anãs como *o Pinus mugo* (classe 322); árvores esclerófilas (classe 311); zonas com vegetação em que o coberto vegetal das árvores de coníferas é inferior a 30 % (classes 324, 231, 321); viveiros florestais especializados na reprodução situados em zonas arborizadas de coníferas (classe 324); cortes rasos (classe 324, aplicável aos países PHARE).

**Floresta mista (classe 313)**

A formação vegetal é composta principalmente por árvores, incluindo sub-bosques

[1] O programa PHARE (criado pelo Regulamento do Conselho da UE 3906/89) é um dos três instrumentos de pré-adesão financiados pela União Europeia para ajudar os países candidatos da Europa Central e Oriental nos seus preparativos para a adesão à União Europeia.

arbustivos e arbóreos, mas não predominam espécies de folha larga nem de coníferas (Fig. 2.4.).

Fig.2.4. Demonstração representativa da classe citada em exemplos de floresta mista na Sérvia (classe313).

Florestas mistas com uma cobertura de copa superior a 30% ou uma densidade de 500 indivíduos/ha para a estrutura da plantação. A percentagem de espécies de coníferas ou de folhosas não excede 25% no coberto florestal.

Esta rubrica inclui: dunas arborizadas de floresta mista; manchas desnudadas e pastagens; formações arbustivas esporádicas; cortes rasos (aplicados aos países da União Europeia).

Esta rubrica exclui: plantações jovens (classe 324); viveiros florestais especializados na reprodução situados no interior de zonas florestais mistas (classe 324); cortes rasos (classe 324, aplicável aos países PHARE); zonas ardidas no interior de zonas florestais mistas (classe 3.3.4); bosques com árvores de espécies mistas de menos de 5 m (classe 3.2.2); zonas com vegetação em que o coberto arbóreo de árvores de espécies mistas é inferior a 30 % (classes 324, 231, 321).

### *2.1.2. Associações de vegetação arbustiva e/ou herbácea*

A associação de vegetação arbustiva e herbácea inclui zonas arbustivas temperadas com charnecas atlânticas e alpinas, comunidades sub-alpinas de arbustos e ervas altas, recolonização de florestas de folha caduca, sebes, coníferas anãs. Além disso, arbustos e matagais esclerófilos mediterrânicos e sub-mediterrânicos de folha perene (maquis, garrigue, mattoral, phrygana sensu lato), fases de recolonização e degradação de florestas de folha perene. Estão também presentes os prados termófilos secos das planícies, colinas e zonas montanhosas, prados pobres atlânticos e subatlânticos de solos ácidos; prados de areias descalcificadas; prados alpinos e subalpinos. Também podem ser encontrados prados húmidos e comunidades de ervas altas; pastagens mesófilas de planície e montanha e prados de feno.

**Prados naturais (classe 321)**

Esta classe inclui prados de baixa produtividade que estão frequentemente situados em áreas de terreno acidentado e irregular (Fig.2.5.). Nesta classe incluem-se frequentemente zonas rochosas, sarças e charnecas. Os prados naturais incluem áreas com vegetação herbácea com uma altura máxima de 150 cm e onde predominam espécies gramíneas. Cobrem pelo menos 75% da superfície coberta por vegetação e desenvolvem-se com um mínimo de interferência humana (não são ceifadas, fertilizadas ou estimuladas com produtos químicos que possam influenciar a produção de biomassa). Também se incluem nesta classe as formações herbáceas de zonas protegidas, zonas cársicas, campos de treino militar, etc., uma vez que o impacto humano não é significativo e a interferência não suprime o desenvolvimento natural ou a composição de espécies dos prados. Também se incluem como prados naturais as áreas de formações arbustivas com árvores dispersas.

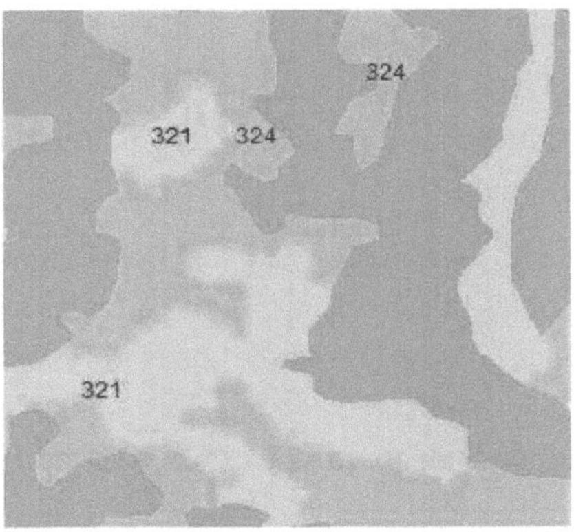


Fig.2.5. Demonstração representativa da classe citada no exemplo de um prado natural na Sérvia (classe 321).

Esta rubrica inclui prados salinos cultivados em zonas húmidas temporárias de solos salinos; prados húmidos em que juncos, juncos, cardos e urtigas cobrem mais de 25 % da parcela; prados naturais com árvores e arbustos, se estes não cobrirem mais de 25 % da superfície a considerar; prados alpinos de alta produtividade, afastados de habitações, culturas e actividades agrícolas; zonas de treino militar herbáceo; prados que podem ser pastoreados, nunca semeados e não geridos de outra forma através da aplicação de fertilizantes, pesticidas, drenagem ou ressementeira, exceto por queima; prados com uma produtividade anual inferior a 1.500 unidades de forragem/ha; prados herbáceos cobertos por espécies gramíneas não-palatáveis, como *Molinia spp.* e *Brachypodium spp.;* prados naturais abandonados em que a vegetação lenhosa cobre menos de 75 % da superfície; prados em solos calcários com uma elevada proporção de espécies calcícolas de calcário, Machair calcário ou Karst; prados com zonas de rocha nua que representam menos de 25 % da superfície.

Esta rubrica exclui também: dunas cinzentas (classe 331); prados pantanosos (classe 411); pousios (classe 211).

**Floresta de transição/arbusto (classe 324)**

A classe de transição floresta/arbusto inclui vegetação arbustiva ou herbácea com árvores dispersas, a degradação da floresta ou a regeneração/recolonização da floresta também podem ser representadas por esta classe (Fig. 2.6). As áreas de formações florestais de desenvolvimento natural, como espécies jovens de folhosas e coníferas com vegetação herbácea e árvores solitárias dispersas, por exemplo, são apresentadas como esta classe. Também a sucessão vegetal natural de prados e pastagens abandonados ou após calamidades de várias origens, parte desta classe pode igualmente apresentar vários estádios degenerativos da floresta causados pela poluição industrial, etc.

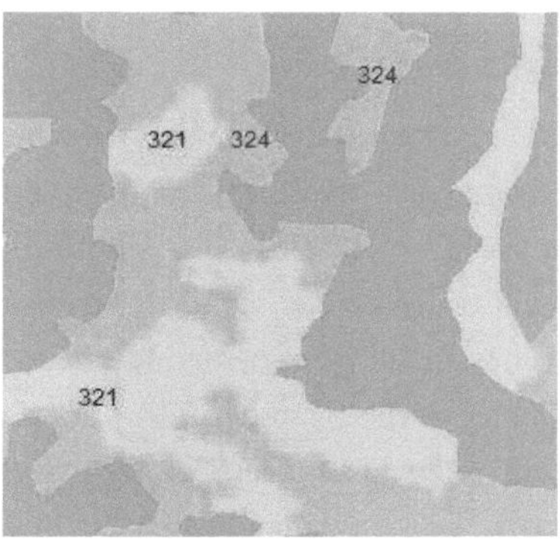


Fig.2.6. Demonstração representativa da classe citada em exemplos de floresta de transição/vegetação arbustiva rodeada por floresta e prados naturais (classe 324).

Esta rubrica inclui matorrais arborescentes que são pré ou pós-formação de floresta de folha larga perene com um estrato arbustivo perene geralmente espesso, composto por carvalhos perenes *(Quercus suber/ilex/rotundifolia),* oliveiras, alfarrobeiras ou pinheiros, cuja densidade de coberto é inferior a 30 % da superfície; terras agrícolas (classes 2xx) em processo de recolonização com ocorrência de árvores florestais que cobrem mais de 30 % da superfície (árvores dispersas ou pequenas parcelas de florestas); plantações e pomares de árvores de fruto abandonados; cortes rasos em zonas florestais; plantações jovens; viveiros florestais em zonas florestais; zonas de prados naturais com pequenas florestas < 25 ha e/ou com árvores misturadas que cubram mais de 30 % da superfície; zonas abertas de corte raso ou de regeneração com rebrota durante a fase de transição que dure no máximo 5-8 anos; zonas de queimadas florestais que já não mostrem tons negros na imagem de satélite mas que ainda sejam visíveis; florestas fortemente danificadas pelo vento, pela neve ou pelas chuvas ácidas e outras poluições, com mais de 50 % de árvores mortas; zonas marginais de turfeiras com uma vegetação composta por arbustos e pinhais que cobrem mais de 50 % da superfície; rochas nuas com árvores dispersas que cobrem mais de 10 % da superfície.

Esta rubrica exclui: zonas florestais de transição quando a área foi coberta por vegetação florestal. O encerramento da copa é de, pelo menos, 50 % e o diâmetro médio do peito das árvores é de, pelo menos, 10 cm (classe 311); olivais abandonados (classe 323); terrenos agrícolas (classes 2xx) com vegetação florestal com uma taxa de crescimento inferior a 50 % (classe 243); formações florestais estáveis/clímax semelhantes a árvores com uma altura inferior a 4 m e florestas *de Pinus mugo* (classe 322); matos arborescentes com árvores cujo coberto vegetal é superior a 30 % (classe 311).

### *2.1.3. Espaços abertos com pouca ou nenhuma vegetação*

Como se pode ver pelos títulos, nesta área foram incluídas áreas naturais cobertas com pouca ou nenhuma vegetação. Incluem-se aqui formações termófilas abertas de terrenos arenosos ou rochosos distribuídas em solos calcários ou siliciosos frequentemente perturbados pela erosão, do que prados estépicos, prados perenes semelhantes a estepes, vegetação xerófila meso e termo-mediterrânica, maioritariamente aberta, prados perenes de gramíneas curtas, estepes alfa, zonas vegetadas ou escassamente vegetadas de rochas em encostas íngremes, escarpas, falésias, fares rochosos, pavimentos calcários com comunidades vegetais que colonizam os seus rastos, neve e gelo perpétuos, em dunas terrestres, dunas costeiras e zonas queimadas.

**Praias, dunas e planícies de areia (classe 331)**

Esta classe inclui praias, dunas e extensões de areia ou seixos em locais costeiros ou continentais, bem como leitos de canais de cursos de água com regime torrencial (Fig.2.7.). Incluem-se nesta classe as praias supra-litorais e as dunas que se desenvolvem na parte posterior da praia a partir da linha de preia-mar em direção a terra.

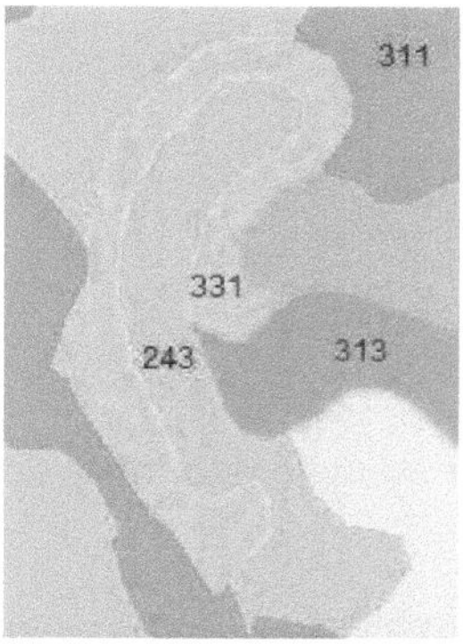


Fig.2.7. Demonstração representativa da aula citada sobre exemplos de areias na Sérvia (aula 331).

Esta rubrica inclui: formação de dunas fluviais na proximidade imediata de grandes rios; dunas interiores e lacustres; dunas móveis com pastagens móveis, não vegetadas ou abertas (duna branca); dunas cinzentas fixas, estabilizadas ou colonizadas por pastagens perenes mais ou menos fechadas; formações de machair (planície arenosa costeira natural com mais ou menos vegetação de superfície e de pastagens); ergs (campo de dunas continentais localizado no deserto); acumulação de cascalho ao longo da secção inferior dos rios alpinos.

Esta rubrica exclui charnecas de dunas interiores (dunas de amora e urze) (classe 322); matagais de dunas interiores ocupados por formações densas de arbustos, incluindo espinheiro, ligustro, sabugueiro, salgueiro, tojo ou giesta, frequentemente enfeitados com trepadeiras (classe 322); matagais e bosques de zimbro das dunas (classe 32x); arbustos esclerófilos das dunas (classe 323); dunas arborizadas (classe 31x); dunas húmidas (classe 411); cascalheiras não vegetadas em encostas íngremes de montanhas alpinas (classe 332); ilhas com vegetação no interior de leitos de cursos de água (classe 3xx).

**Rocha nua (classe 332)**

A classe de rochas nuas inclui o seixo, as falésias, os afloramentos rochosos, juntamente com a erosão ativa, as rochas e os recifes situados acima da linha de água alta.

Fig.2.8. Demonstração representativa da aula citada sobre um exemplo de formas de relevo de falésias na Sérvia (aula 332).

Esta rubrica inclui: locais de extração abandonados não vegetados; zonas com vegetação esparsa em que 75 % da superfície terrestre está coberta por rochas; rochas estáveis com pavimentos calcários, folhada de blocos e detritos de cumeada; lapiaz não vegetado; locais e produtos de actividades vulcânicas recentes, campos de cinzas vulcânicas e lapilli, campos de lava estéreis; zonas rochosas supra-litorais não vegetadas.

Esta rubrica exclui: dunas brancas (classe 331); fundos marinhos rochosos mediolíticos (classe 423); rochas nuas com árvores dispersas que cobrem mais de 10 % da superfície (classe 324).

**Zonas com vegetação rasteira (classe 333)**

As estepes, tundras e badlands são incluídas numa zona de vegetação esparsa, bem como numa vegetação dispersa de altitude, que é composta por espécies gramíneas e/ou lenhosas e semi-lenhosas para determinar a percentagem de cobertura do solo, excluindo os criptogramas (Fig.2.9.).

Fig.2.9. Demonstração representativa da classe citada no exemplo de vegetação de altitude dispersa na Sérvia (classe 333).

Esta rubrica inclui: zonas pouco vegetadas e instáveis de pedras, rochedos ou escombros em encostas íngremes onde a camada de vegetação cobre entre 15 % e 50

% da superfície; estepes subdesérticas com espécies gramíneas *(Artemisia spp.)* misturadas com alfa *(Stipa spp.)* quando cobrem entre 15 % e 50 % da superfície; vegetação de zonas "lapie" ou de pavimentos calcários; solos nus no interior de zonas de treino militar; zonas cársicas de vegetação gramínea, lenhosa e semi-lenhosa.

Esta rubrica exclui: parte das zonas dunares soprada pelo vento (classe 331); zonas onde o solo cobre mais de 85 % da superfície (classe 332); zonas onde o estrato vegetal cobre mais de 50 % da superfície (classe 321); cobertura densa de alfa *(Stipa ssp.)* (classe 321).

**Áreas queimadas (classe 334)**

Esta classe inclui áreas afectadas por incêndios recentes, ainda maioritariamente negras (Fig.2.10.). As zonas florestais ardidas, os pântanos e as charnecas, as formações florestais-arbustivas transitórias, as zonas com vegetação esparsa são apresentadas por esta classe.

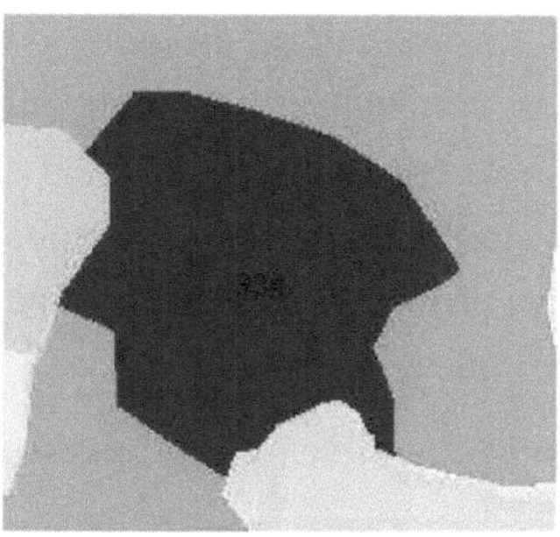

Fig.2.10. Demonstração representativa da classe citada em exemplos de áreas florestais ardidas na Sérvia (classe 334).

Esta rubrica inclui: queimadas com menos de três anos e ainda visíveis nas imagens de satélite; todas as zonas de vegetação natural e semi-natural.

Esta posição não inclui: gestão agrícola humana por queima de terras aráveis (classe 211).

## *2.2. Metodologia de cálculo dos indicadores*

Nesta secção foi apresentada a metodologia de cálculo dos seguintes indicadores:

- Área florestal,
- Paisagem florestal,
- Paisagem florestal (modelo alemão),

- Terrenos florestais,
- Floresta e zona semi-natural.

### 2.2.1. *Indicador: Área florestal*

Este indicador tem o critério mais rigoroso para a contagem da área florestal, devido ao facto de apenas contar a área florestal compacta com mais de 25 ha. A área florestal como indicador mapeia todos os principais complexos florestais. Este indicador fornece informações úteis tanto para o planeamento florestal como para a análise da biodiversidade do habitat.

Este indicador pode ser calculado de acordo com a fórmula 1, em que 311, 312 e 313 representam a soma das classes relevantes da CORINE Land Cover.

**Fórmula 1**: 311+312+313=

### 2.2.2. *Indicador: Paisagem florestal*

O indicador de paisagem florestal é semelhante, mas ao mesmo tempo diferente do anterior. A diferença é que não inclui apenas florestas compactas, mas também florestas e árvores que estão incluídas noutras categorias de terras. Estas florestas e bosques não formam uma área consistente de ecossistema florestal em termos ecofisiológicos, mas, ao mesmo tempo, estão envolvidos na produção de oxigénio e na sua capacidade de emissão mais ou menos ao mesmo nível que a floresta.

O cálculo pode ser efectuado de acordo com a Fórmula 2, utilizando as classes relevantes de CORINE Land Cover.

**Fórmula 2**: 311 + 312 + 313 + 0,5x324 + 0,33x243=

### 2.2.3. *Indicador: Paisagem florestal baseada no modelo alemão*

A paisagem florestal, segundo o modelo alemão, pode ser calculada através da fórmula 3 .

**Fórmula 3**: 311 + 312 + 313 + 324 + 0,33x243=

### 2.2.4. *Indicador: Terras florestais*

De acordo com a Agência Europeia do Ambiente (2006), uma das formas mais comuns de calcular a área de terrenos florestais consiste em somar a classe de florestas e a vegetação arbustiva-florestal de transição (Fórmula 4) utilizando as classes relevantes da CORINE Land Cover.

**Fórmula 4**: 311 + 312 + 313 + 324=

### 2.2.5. *Indicador: Florestas e zonas semi-naturais*

Uma outra forma possível de calcular a superfície florestal e semi-natural é utilizar a informação apresentada pelas classes 3XX. Inclui vegetação florestal e vegetação arbustiva de transição, depois prados naturais (classe 321), praias arenosas e dunas (classe 331), rocha nua (332), área com vegetação esparsa (classe 333) e área ardida (classe 334) (Fórmula 5), utilizando as classes relevantes do CORINE Land Cover.

**Fórmula 5**: 311 + 312 + 313 + 321 + 324 + 331 + 332 + 333 + 334=

# CAPÍTULO 3. RESULTADOS E DISCUSSÕES

## *3.1. INDICADORES FLORESTAIS*

A análise dos indicadores florestais incluiu dados relativos aos anos de 1990, 2000, 2006 e 2012. Em todas as análises foram incluídos dados relativos ao território da Sérvia, mas sem ter em consideração os dados relativos ao território do Kosovo e Metohija. Os resultados são apresentados nos parágrafos seguintes por indicadores.

### 3.1.1. *Indicador: Área florestal*

De acordo com os dados obtidos pelo CORINE Land Cover para o ano de 1990, a área florestal da Sérvia está estimada em 2 259 643 hectares, ou seja, 29,13% do território.

Superfície florestal (1990) = 26,67 + 0,99 + 1,46 = 29,12 % = 2 259 643 ha

De acordo com os dados fornecidos pelo CORINE Land Cover para 2000, a área florestal da Sérvia ascende a 2 266 333 ha, o que representa 29,2% do território (Fig.3.1.).

Superfície florestal (2000) = 26,664 + 1,05 + 1,5 = 29,21 % = 2 266 333 ha

Na Sérvia Central, a área florestal em 2000 era de 2 126 099 ha, o que representa 37,72% do território da Sérvia Central, enquanto na província autónoma de Voivodina era de 140 234 ha, representando 6,61% do seu território.

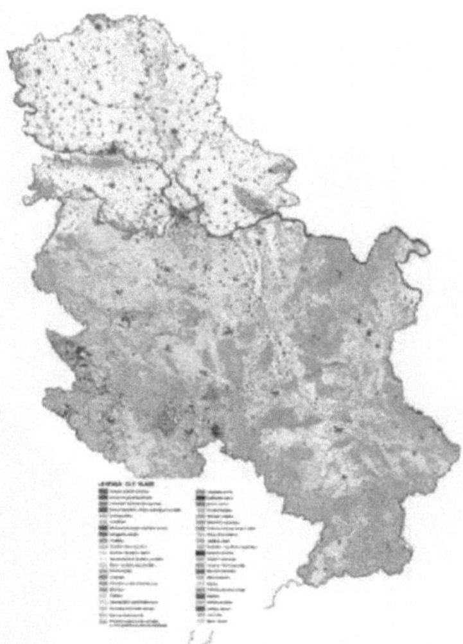

Fig.3.1. Cobertura do solo CORINE 2000 Sérvia.

Na Sérvia, os dados sobre as florestas também são fornecidos pelo Inventário Florestal

Nacional, sob a tutela do Ministério da Agricultura, Florestas e Gestão da Água da República da Sérvia, Departamento das Florestas (Bankovic et al. 2009). De acordo com os dados do Inventário Florestal Nacional de 2000, as florestas da Sérvia ocupavam 2 252 400 ha, o que representa 29,1 % do seu território.

Deve ter-se sempre presente que é necessário reconsiderar a metodologia de obtenção de dados em duas instituições diferentes, para que se possam explicar eventuais diferenças nos resultados. A metodologia utilizada no Inventário Florestal Nacional é completamente diferente da utilizada pelo CORINE e, mesmo assim, a coincidência dos resultados apresenta informações muito encorajadoras para as áreas florestais da Sérvia.

É importante mencionar que a metodologia de análise do CORINE Land Cover utiliza a superfície plana, enquanto a metodologia do inventário nacional se baseia na área cadastral. As áreas cadastrais incluem mais informações do que a simples geografia, por exemplo, pormenores sobre a propriedade, a localização exacta (mesmo coordenadas GPS), as dimensões, o valor de parcelas individuais de terreno, etc. Por conseguinte, tendo em conta o facto de as florestas serem particularmente caraterísticas das regiões montanhosas, é de esperar que a área cadastral das florestas seja muito maior na Sérvia.

Utilizando os dados sobre a ocupação do solo obtidos pela metodologia CORINE para 2006$^{th}$ estima-se que a área florestal na Sérvia seja de 2 287 751 ha, o que representa 29,5 % do território.

Superfície florestal (2006) = 26,77 + 1,14 + 1,59 = 29,5 % = 2 287 751 ha

Analisando os dados do CORINE Land Cover para 2012, a área florestal na Sérvia ascende a 2 301 014 ha, representando 29,67% do território.

Superfície florestal (2012) = 26,80 + 1,19 + 1,68 = 29,67 % = 2 301 014 ha

De acordo com os dados obtidos pelo CORINE Land Cover para o ano de 2012, a área florestal na Sérvia é de 2 373 740 ha e, como já foi referido, representa 30% do território da República da Sérvia.

A monitorização da área florestal na Sérvia tem sido efectuada desde 1938 e, com base em informações relevantes, é possível determinar a tendência das suas alterações.

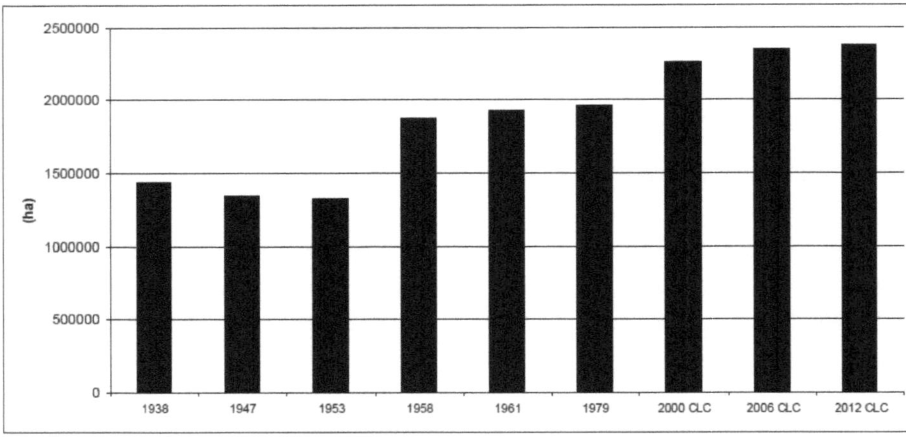


Fig.3.2. Tendência da evolução da área florestal na Sérvia (excluindo o território do Kosovo e Metohija).

Relativamente aos resultados da monitorização da área florestal para o período 1953-2012, pode concluir-se que a área florestal aumentou mais de 1 milhão de hectares, o que representa um aumento de 75% em comparação com os dados de 1953 (Fig. 3.2).

### 3.1.2. *Indicador: Paisagem florestal*

De acordo com a metodologia de cálculo do indicador de paisagem florestal na Sérvia, em 1990, a área foi estimada em 2 822 832 ha, ou 36,39% do território.

Paisagem florestal (1990) = 26,67 + 0,99 + 1,46 + 3,07 + 4,19 = 36,39 % = 2 822 832 ha

O indicador de paisagem florestal na Sérvia no ano 2000 era representado por 2 831 365 ha ou 36,5% do território. A distribuição da paisagem florestal no território sérvio é apresentada na Fig.3.3.

Paisagem florestal (2000) = 26,67 + 1,05 + 1,50 + 3,05 + 4,23 = 36,5 % = 2 831 365 ha

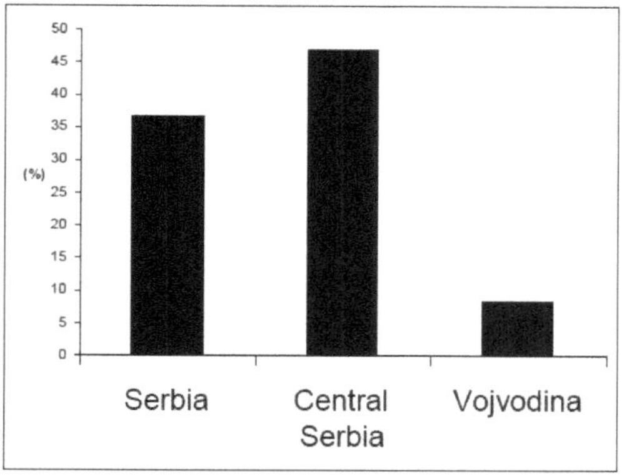


Fig.3.3. Paisagem florestal na Sérvia em 2000 .th

Utilizando os dados CORINE disponíveis para o cálculo da paisagem florestal na Sérvia, estimou-se que, em 2006, a área da paisagem florestal era de 2 876 947 ha.

Paisagem florestal (2006) = 26,77 + 1,14 + 1,59 + 2,94 + 4,27 = 36,71 % = 2 876 947 ha.

Analisando os dados relativos ao ano de 2012, a área apresentada pela paisagem florestal na Sérvia ascendia a 2 876 947 ha ou 37,1 % do território.

Paisagem florestal (2012) = 26,80 + 1,19 + 1,68 + 3,35 + 4,07 = 37,1 % = 2 876 947 ha

A paisagem florestal como indicador descreve a área de terra sob floresta ou vegetação que é muito semelhante à floresta, no que respeita às suas caraterísticas ambientais. É importante compreender que estes critérios indicadores não têm de corresponder à compacidade da floresta, devido à semelhança no aspeto ecofisiológico desta vegetação. As semelhanças ocorrem na superfície das folhas e na sua estrutura (área ativa do coberto vegetal) e, portanto, participam significativamente na "produção" de oxigénio e na capacidade de emissão. No entanto, esta fragmentação da área florestal resulta num aumento da diversidade biológica global das paisagens. A diversidade biológica da paisagem refere-se a uma maior diversidade de habitats e de espécies devido ao facto de as florestas serem intersectadas com zonas de prados e arbustos.

O indicador de paisagem florestal tem em conta todas as classes que, devido ao critério de discriminação, têm pelo menos 25 hectares de superfícies compactas, e tendo em conta o facto de muitos campos e outras áreas agrícolas terem sido "intersectados" pelas árvores e florestas, particularmente nas zonas rurais, não foram tidos em conta. Estas áreas, acima mencionadas, representam a vegetação de transição bosque/arbusto ou classe 324 e terras principalmente ocupadas pela agricultura com áreas significativas de vegetação natural marcadas como classe 243.

Vários países da Europa têm critérios diferentes para o cálculo dos indicadores. Estes critérios dependem do grau de discriminação entre diferentes classes de formas e tamanhos intermédios e da sua quota-parte na área total. A Alemanha, tal como os países desenvolvidos, utiliza os critérios que mostram uma clara discriminação entre superfícies florestais e não florestais (agrícolas ou artificiais), mas, ao mesmo tempo, incluem uma pequena representação de superfícies complexas e de transição. A classe 324 ou vegetação arbóreo-arbustiva de transição ocupa uma área inferior a 0,5 % da área total, e a classe 243 ou terras ocupadas principalmente pela agricultura, com áreas significativas de vegetação natural, integridade creditada com florestas, é inferior a 2,5 % (Keil et al., 2005).

Por outro lado, a Sérvia, como país em desenvolvimento, tem quase um quarto do território (cerca de 24%) com vegetação de natureza complexa e que representa alguma forma de fases de transição (Fig. 3.4.), o que é contrário à situação nos países desenvolvidos. Estas classes apresentam fases sucessionais do processo de reflorestação, ou algumas das fases do processo de degradação da superfície florestal. Esta situação tem-se verificado principalmente nas zonas rurais a maior altitude, na região montanhosa do centro da Sérvia. Na Sérvia, a classe 324 (floresta de transição-arbustos) abrange 6,1% e a classe 243 (terras principalmente ocupadas pela agricultura, com áreas significativas de vegetação natural) representa 15,8%.

A distribuição destas classes de transição em 2000th (324 e 243) na Sérvia Central e na Província Autónoma (AP) de Voivodina é bastante diferente, como se pode ver na Fig.3.4.

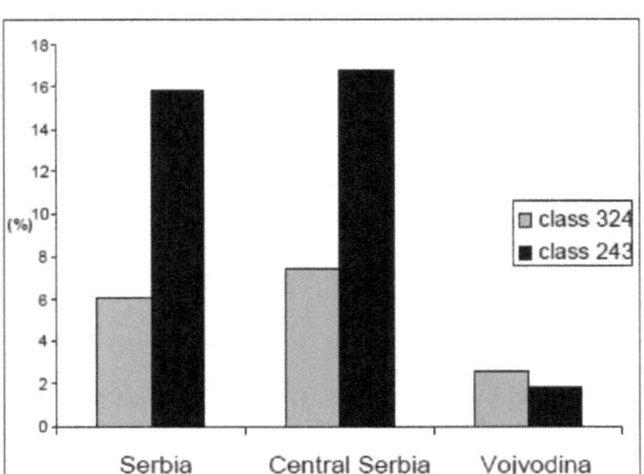


Fig.3.4. Classes 324 e 243 na Sérvia 2000 .th

A classe 324 representa um coberto vegetal onde predomina a vegetação arbustiva, mas também podem ser encontradas árvores dispersas. Esta classe pode também representar uma das fases do processo de degradação e/ou regeneração das florestas. Nesta classe foram incluídas menos parcelas de terreno que estão rodeadas ou intersectadas por florestas. Durante as últimas décadas tem-se verificado uma tendência de migração das zonas rurais para as urbanas, que tem como resultado o processo de sucessão natural da vegetação, por exemplo, os antigos campos e pastagens estão incluídos no processo de sucessão para a floresta. Nesta classe estão também incluídas as áreas de degradação florestal que são danificadas ou sobre-visitadas por outros processos (incêndios, doenças). Um exemplo ilustrativo da classe 324 na Sérvia é a região perto do pico Midzor (2 168 m) na montanha Stara planina (Fig.3.5.).

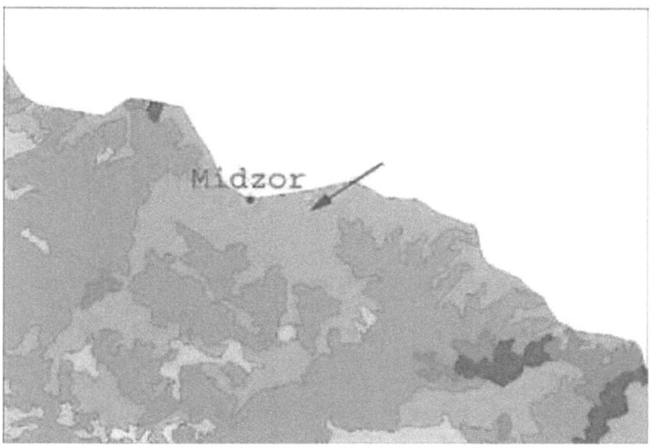

A

B

C

Fig.3.5. Pico de Midzor: A- CORINE Land Cover 2000, B-imagens de satélite, C-imagem. (As setas vermelhas indicam zonas da classe 324)

A região da montanha de Stara Planina, em torno do seu pico mais alto, Midzor, ocupa uma área de 7 000 ha e é definida como classe 324. Esta zona está completamente rodeada por árvores de folha larga e coníferas (classes 311 e 312). De acordo com as imagens relevantes, pode concluir-se que pelo menos metade desta área pode ser considerada como floresta.

A classe 243 foi representada por áreas predominantemente agrícolas com uma quantidade significativa de vegetação natural, onde as terras agrícolas cobrem entre 25 e 75 % da superfície total da área. Esta classe inclui também prados naturais ou florestas, principalmente nas zonas próximas de uma aldeia. Na Sérvia, esta classe pode ser encontrada perto do rio Morava, nas planícies, mas também pode ser encontrada nas zonas montanhosas, nas orlas das florestas (Fig.3.6.).

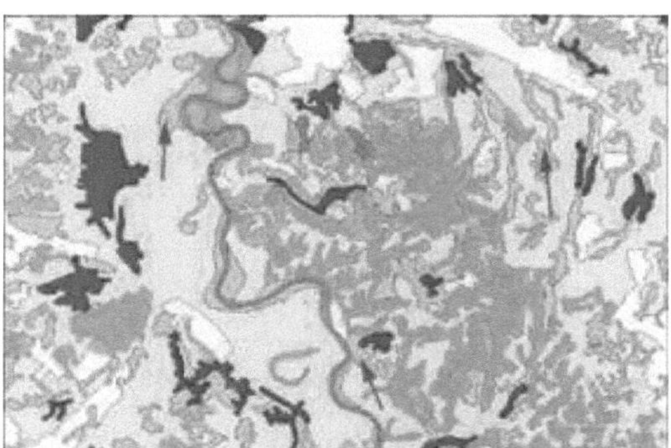

A

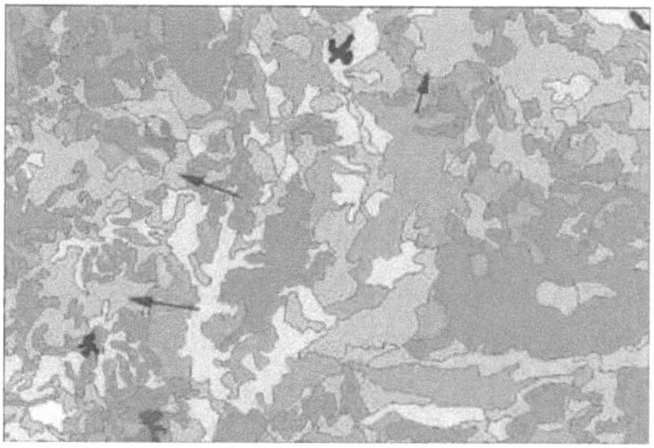

B

Fig.3.6. Classe 243, CORINE Land Cover 2000th. A- perto do rio Morava, B- em zonas de alta montanha. As setas vermelhas indicam zonas da classe 243.

### *3.1.3 Indicador: Paisagem florestal (modelo alemão)*

A análise da área de paisagem florestal na Sérvia, utilizando a metodologia alemã e os dados CORINE Land Cover de 1990, estima a área em 3 064 078 ha ou 39,5 % do território.

Paisagem florestal - modelo alemão (1990) = 26,67 + 0,99 + 1,46 + 6,14 + 4,19 = 39,5 % = 3 064 078 ha

O cálculo desta área, utilizando os dados CORINE Land Cover para o ano 2000, resulta em 3 068 617 ha ou 39,56% do território.

Paisagem florestal - modelo alemão (2000) = 26,66 + 1,05 + 1,50 + 6,12 + 4,23 = 39,56 % = 3 068 617 ha.

Analisando os dados CORINE Land Cover para o ano de 2006, utilizando o modelo alemão de paisagem florestal na Sérvia, estimou-se que este indicador ocupava 3 075 550 ha ou 39,66% do território.

Paisagem florestal - modelo alemão (2006) = 26,77 + 1,14 + 1,59 + 5,89 + 4,27 = 39,66 % = 3 075 550 ha

Utilizando os dados mais recentes do CORINE Land Cover para o ano de 2012 e o modelo alemão de paisagem florestal na Sérvia, as áreas são estimadas em 3 136 744 ha ou 40,45 % do território.

Paisagem florestal-alemã (2012) = 26,80 + 1,19 + 1,68 + 6,70 + 4,07 = 40,45 % = 3 136 744 ha

Apesar dos resultados, a aplicação da metodologia alemã para o cálculo do indicador de paisagem florestal na Sérvia não seria inteiramente adequada. A razão é que esta metodologia tem em conta a totalidade da classe 324 e um terço da classe 243. Os dados relevantes disponíveis da classificação CORINE Land Cover em diferentes países mostram que 50-70% da faixa de vegetação arbórea e arbustiva de transição (classe 324) em países não mediterrânicos pode ser considerada como floresta. Uma vez que a Alemanha tem uma área muito pequena de classe 324 (0,5%), o erro potencial nos resultados não seria significativo e, por conseguinte, este modelo pode ser aplicado (Keil et al., 2005). Na Sérvia, este não é o caso, uma vez que a Sérvia tem mais de 6% da vegetação de transição floresta-arbusto (Popovic et al., 2015). Assim, se esta classe fosse tida em consideração para o cálculo da paisagem florestal, os resultados finais seriam erróneos. No entanto, esta classe pode ser incluída na contagem da área do indicador "Terras florestais", sem que os resultados sejam afectados.

Os resultados deste modelo alemão de indicador de paisagem florestada fornecem informações muito úteis para a futura análise ambiental da capacidade de emissão, bem como para a análise do habitat do ponto de vista da biodiversidade. Relativamente à Sérvia, os resultados do cálculo indicam que a paisagem florestal na Sérvia central é ligeiramente superior a 47% e na Voivodina é de cerca de 8,5%.

### 3.1.4. *Indicador: Terras florestais*

Os resultados da análise dos dados do CORINE Land Cover relativos ao ano de 1990 mostram que a área florestal ascende a 2 735 565 ha, ou seja, 35,26% do território.

Terras florestais (1990) = 26,67 + 0,99 + 1,46 + 6,14 = 35,26 % = 2 735 565 ha

A estimativa da superfície florestal da Sérvia, com base nos dados CORINE Land Cover para o ano 2000, é de 2 740 836 ha, ou seja, 35,33% do território.

Terras florestais (2000) = 26,66 + 1,05 + 1,5 + 6,12 = 35,33%.

A distribuição das diferentes classes na Sérvia, com base nos dados relativos ao ano 2000, é apresentada na Fig. 3.7. No centro da Sérvia, em 2000, as terras florestais ocupavam 45,17% e na Voivodina AP 9,19% do território.

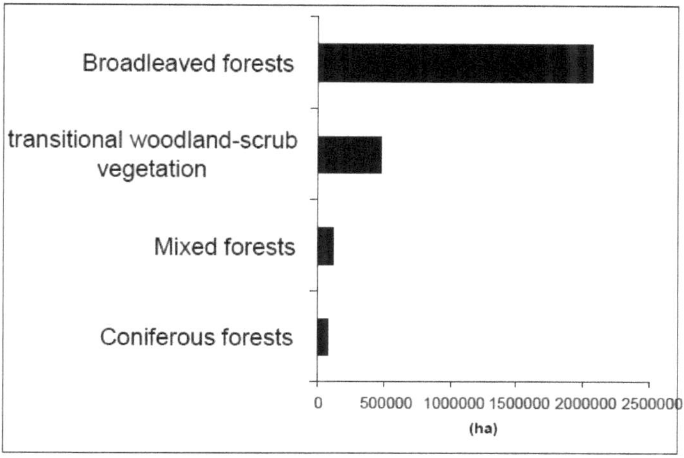


Fig.3.7. Categorias de classes florestais na Sérvia 2000 .th

A distribuição visual das classes (311, 312, 313 e 324) incluídas no indicador de terras florestais no ano 2000 é apresentada na Fig. 3.8.

Fig.3.8. Terrenos florestais, CORINE Land Cover 2000.

Em 2006, de acordo com os dados do CORINE Land Cover, o indicador de terrenos florestais na Sérvia ascendia a 2 744 659 ha, ou seja, 35,39 % do território.

Terras florestais (2006) = 26,77 + 1,14 + 1,59 + 5,89 = 35,39 % = 2 744 659 ha

Os dados mais recentes do CORINE Land Cover para o ano de 2012 mostram que os terrenos florestais na Sérvia estão estimados em 2 820 608 ha, ou seja, 36,37% do território.

Terras florestais (2012) = 26,80 + 1,19 + 1,68 + 6,70 = 36,37 % = 2 820 608 ha

O indicador das terras florestais fornece informações muito úteis para o planeamento e a gestão florestal. Devido às possíveis alterações e aumentos na capacidade de emissão da vegetação, esta informação pode ser relevante para o futuro "comércio de gases".

### 3.1.5. *Indicador: Florestas e zonas semi-naturais*

Seguindo a fórmula e utilizando os dados CORINE Land Cover para o ano de 1990, as áreas florestais e semi-naturais ascendiam a 2 978 494 ha, ou seja, 38,40 % do território.

Florestas e zonas semi-naturais (1990) = 26,67 + 0,99 + 1,46 + 2,8 + 6,14 + 0,03 + 0,002 + 0,3 + 0,008 = 38,4 % = 2 978 494 ha

Em 2000, a área calculada para este indicador foi de 2 981 471 ha ou 38,43% do território da Sérvia.

Florestas e zonas semi-naturais (2000) = 26,66 + 1,05 + 1,5+ 2,8 + 6,12 + 0,03 + 0,002 + 0,26 + 0,008 = 38,43 % = 2 981 471 ha

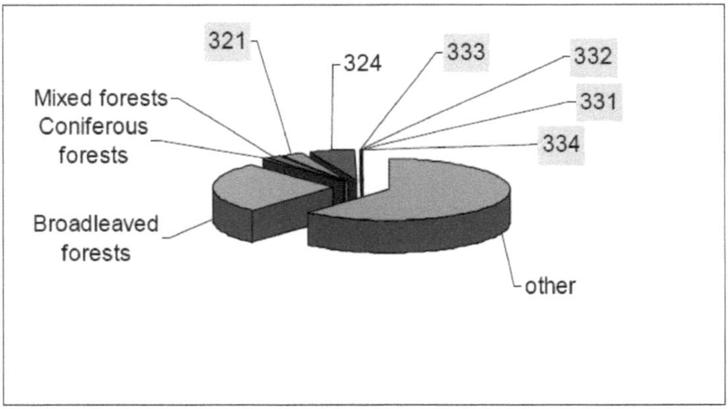


Fig.3.9. Florestas e zonas semi-naturais 2000 .th

Em 2006, o total das classes 3XX, que representam o indicador Florestas e zonas seminaturais na Sérvia, ascendia a 2 970 210 ha, ou seja, 38,3 % do território.

Florestas e zonas semi-naturais (2006) = 26,77 + 1,14 + 1,59 + 2,64 + 5,89 + 0,02 + 0,002 + 0,25 + 0 = 38,3 % = 2 970 210 ha

De acordo com os dados do CORINE Land Cover para o ano de 2012, foi calculada a área do indicador "Terras florestais" na Sérvia e a sua dimensão ascendeu a 3 045 230 ha, ou seja, 39,27 % do território.

Florestas e zonas semi-naturais (2012) = 26,80 + 1,19 + 1,68 + 2,64+ 6,70 + 0,01 + 0,003 + 0,24 + 0,011 = 39,27 % = 3 045 230 ha

A área total abrangida pelas classes, excluindo a classe de floresta e vegetação arbustiva-arbórea de transição (prados naturais, praias, dunas e areias, rochas nuas, áreas com vegetação esparsa e áreas ardidas), em 2000$^{th}$ ascendia a 3,1 % do território total:

321 + 331 + 332 + 333 + 334 = 2.81 + 0.03 + 0.002 + 0.26 + 0.008 = 3.1 %

Durante o período 1990-2000, a dimensão de uma área de prados naturais, praias, dunas e areias, rochas nuas, vegetação esparsa e área ardida registou uma tendência de redução de 0,04%. Em 2006 e 2012, a diminuição desta área continuou (Fig. 3.10.).

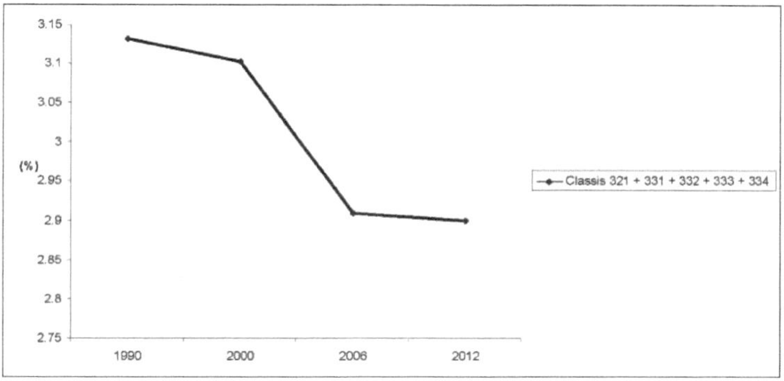


Fig.3.10. Tendência de redução da superfície das classes 321, 331, 332, 333, 334 na Sérvia no período 1990-2012.

Relativamente aos dados CORINE Land Cover para o ano 2000, pode concluir-se que todas as outras categorias de terras, exceto as pastagens naturais, são insignificantes para afetar a soma final. No entanto, deve salientar-se que as pastagens naturais ocupam uma área principalmente em zonas naturais de alta montanha que podem estar pouco ou nada sujeitas ao processo de sucessão natural para florestas, pelo que este critério para a criação de indicadores para a Sérvia é menos adequado.

Mas há que ter em conta que este indicador pode ser utilizado para monitorizar a dinâmica dos habitats, no que diz respeito à sua biodiversidade, especialmente em zonas de alta montanha.

### *3.2. ANÁLISE COMPARATIVA DOS INDICADORES FLORESTAIS*

#### 3.2.1. *Evolução 1990-2000*

Monitorizando as tendências dos indicadores florestais durante o período de 1990-2000 anos, pode concluir-se que houve um aumento notável nas áreas de todos os indicadores. Ao mesmo tempo, observa-se uma tendência clara de aumento de uma parte da vegetação de prado, o que indica um processo claro de sucessão natural para vegetação arbustiva ou florestal. A sucessão natural de vegetação de prado para vegetação arbustiva é, em geral, um processo mais lento do que a sucessão de vegetação arbustiva para vegetação florestal.

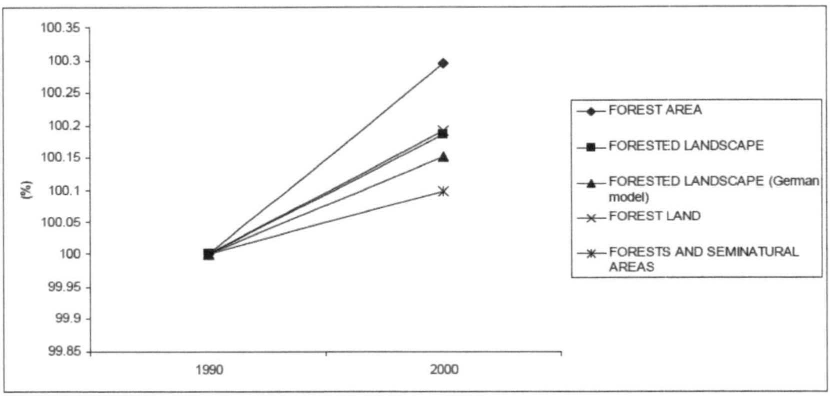


Fig.3.11. Taxa de variação dos indicadores florestais durante o período de 1990-2000.

Analisando as tendências de mudança dos indicadores florestais, foi detectada uma variação significativa das taxas (Fig. 3.11). A diferença nas taxas de vegetação natural e a sua sucessão resultam em desvios notáveis nos indicadores Área florestal e Áreas florestais e semi-naturais. Uma vez que o cálculo do indicador Área florestal se baseia na área de povoamentos florestais compactos (mais de 25 hectares), a percentagem de vegetação de prado é muito pequena e, por conseguinte, não é relevante.

Relativamente às alterações na dinâmica da paisagem florestal e dos indicadores de terrenos florestais, é possível reconhecer um padrão e uma dinâmica de sucessão semelhantes. Esta semelhança deve-se ao facto de a quantidade de vegetação herbácea ser aproximadamente a mesma nos indicadores mencionados. Por conseguinte, espera-se que uma percentagem significativa de vegetação herbácea conduza a uma velocidade e forma de sucessão semelhantes.

Uma vez que a área florestal constitui o critério mais rigoroso para determinar as terras florestais, como já foi referido, a tendência das alterações para o período 1990-2000 mostra um aumento da superfície coberta pelas florestas de 0,3% ou 6 690 ha. Este aumento da superfície da área florestal é útil tanto para o planeamento da silvicultura como para a melhoria da biodiversidade do habitat florestal.

Relativamente à análise da paisagem florestal de 1990-2000, verificou-se uma tendência de aumento de 0,19%, o que significa uma alteração da superfície de 5 256,1 ha. Em 2000, a área total do indicador acima mencionado era de 2 828 088 ha. Este indicador inclui também fragmentos de floresta em zonas de prado, bem como arbustos, que proporcionam uma grande diversidade de habitats e aumentam diretamente a diversidade biológica total da paisagem.

É importante ter em conta que 26,27% da área anteriormente mencionada se destina a vegetação de prado. Seguindo os dados para o período de 1990-2000, verifica-se um aumento da área de vegetação de prado de 619,6 ha. Este facto é particularmente importante para a biodiversidade da área.

As informações fornecidas por este indicador podem ser utilizadas para a análise ambiental da capacidade de emissão, bem como para a análise do habitat, nomeadamente em termos de biodiversidade.

Se forem tidos em conta e analisados os dados relativos às terras florestais para o período de 1990-2000, verifica-se também um aumento notável da sua dimensão de 0,19%, o que representa um aumento da superfície de 5 271 ha. A superfície florestal da Sérvia em 2000$^{th}$ , segundo os dados CORINE, ascendia a 2 735 565 ha. Este aumento pode ser explicado pelas alterações numa classe de vegetação arbórea-arbustiva de transição e pelo aumento da sua variedade. Com base nos dados CORINE Land Cover, verifica-se que a vegetação de prado ocupa 23,46% da superfície. A tendência observada de aumento da área coberta por vegetação de prado, em relação ao ano de 1990$^{th}$ , para 770,4 ha, reflecte o aumento da diversidade da paisagem. O aumento observado pode ser explicado pelo processo de sucessão natural da vegetação de prado para vegetação arbustiva e florestal.

A utilidade deste indicador reside no facto de poder fornecer informações relevantes para o planeamento florestal, bem como apresentar possíveis alterações nas emissões e incrementar a capacidade do coberto vegetal, o que pode ser útil para o futuro eventual "comércio de gases".

Relativamente aos dados para o indicador Florestas e área semi-natural para o período analisado, pode notar-se um aumento de 0,1%. No ano de 2000, a área registada por este indicador é de 2 981 471 ha.

Neste indicador, nota-se o domínio dos bosques e da vegetação arbustiva-arbórea de transição, juntamente com a vegetação de prados (pastagens naturais). Durante o período 1990-2000, as classes excluídas da vegetação de bosques e matos de transição apresentaram uma tendência de redução de 0,03%. Os dados obtidos pela metodologia CORINE Land Cover em 2000 revelaram que a vegetação de prado ocupava 28,03%, ou seja, 835 575,8 ha de superfície. Relativamente aos dados de 1990$^{th}$ ano, a tendência de aumento da área de vegetação de prado é de 15 052,8 ha. A maior parte da classe de vegetação de prados é constituída por pastagens naturais. Em 2000, de acordo com os dados do CORINE Land Cover, esta categoria cobre uma área de 217,69 ha. Observando a tendência das mudanças desde 1990 até 2000, nota-se uma redução de 1,25 % das áreas de pastagens naturais acima mencionadas.

### 3.2.2. *Evolução 2000-2012*

As alterações no período de 2000-2012 são significativamente diferentes das alterações discutidas anteriormente, no período de 1990-2000. Neste período, as alterações mais importantes ocorreram nas classes de terras florestais, onde se registou o maior aumento (Fig. 3.12.) de cerca de 3 % ou 79 772 h. No período anteriormente discutido, 1990-2000, as terras florestais aumentaram a sua área em apenas 0,19 %, o que significa um aumento da superfície de 5 271 ha (Fig. 3.11).

O indicador da área florestal regista a menor variação positiva na sua dimensão, de 1,53% ou 34,68 ha (Fig. 3.12.). No período 1990-2000, registou-se um aumento da superfície coberta por florestas de 0,3 %, o que significa um aumento da superfície de 6 690 ha (Fig. 3.11.)

O indicador Paisagem florestada muda quase no mesmo padrão que o indicador Área florestal no período 2000-2012 (Fig. 3.12.), enquanto a análise dos dados da década anterior mostrou uma tendência crescente de apenas 0,186%, representando uma mudança de superfície de 5 256,1 ha (Fig. 3.11.).

A monitorização das alterações de ambos os indicadores, Florestas e áreas semi-naturais e modelo alemão de paisagem florestal, pode ser notada em alterações positivas semelhantes para o período 2000-2012, em cerca de 2,2% ou cerca de 54 000 ha (Fig. 3.12.). No período anterior analisado, 1990-2000, registou-se uma alteração positiva dos indicadores de florestas e áreas semi-naturais de 0,1% e um aumento do modelo alemão de paisagem florestal de 0,15% (Fig. 3.11.).

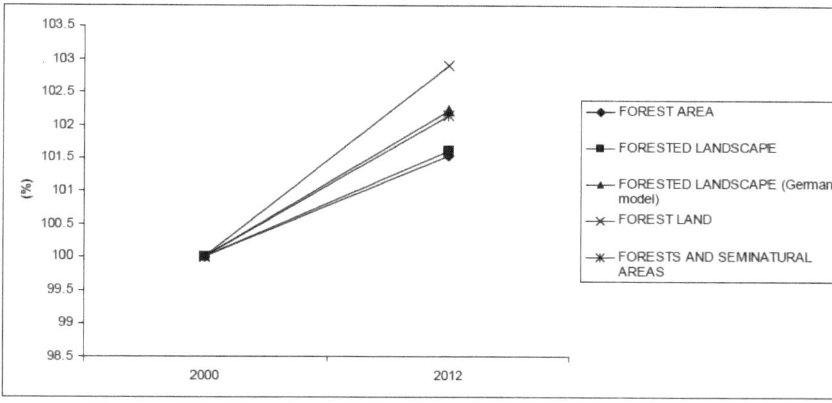


Fig.3.12. Variação relativa dos indicadores 2000-2012.

A única conclusão que pode ser tirada comparando as mudanças em 20002012 e 1990-2000 é que as mudanças significativas cerca de dez vezes em todos os indicadores no período 2000-2012. Por conseguinte, a dinâmica demonstrada é notavelmente destacada.

Por outro lado, juntamente com as mudanças na dinâmica, ocorreram mudanças na quantidade de incremento de muitos indicadores. Enquanto no período 1990-2000 o indicador Área florestal registou a maior alteração, no período 2000-2012 este indicador registou a menor alteração. O indicador "Terras florestais" registou a maior intensidade de alterações no período 2000-2012, seguido dos indicadores "Florestas e áreas semi-naturais" e do indicador "Modelo alemão de paisagem florestal".

É importante salientar o facto de que, após o ano 2000, é possível acompanhar as alterações no número de polígonos (Fig. 3.13.). Para o ano de 1990, não existem dados disponíveis sobre o número de polígonos do CORINE Land Cover. A alteração mais significativa no número de polígonos para o período 2000-2012 foi registada no indicador "Terras florestais" (Fig. 3.13.), com um aumento de 4,4% ou 456 polígonos.

A análise do indicador Áreas florestais e seminaturais, relativamente aos dados CORINE disponíveis, revelou um aumento do número de polígonos de 2,7% ou 326 polígonos. O aumento do número de polígonos CORINE para ambos os indicadores Área florestal e Modelo alemão de paisagem florestal foi de cerca de 0,8% ou 50 polígonos.

O único indicador que registou uma diminuição do número de polígonos de 0,8% ou 87 polígonos foi a paisagem florestal.

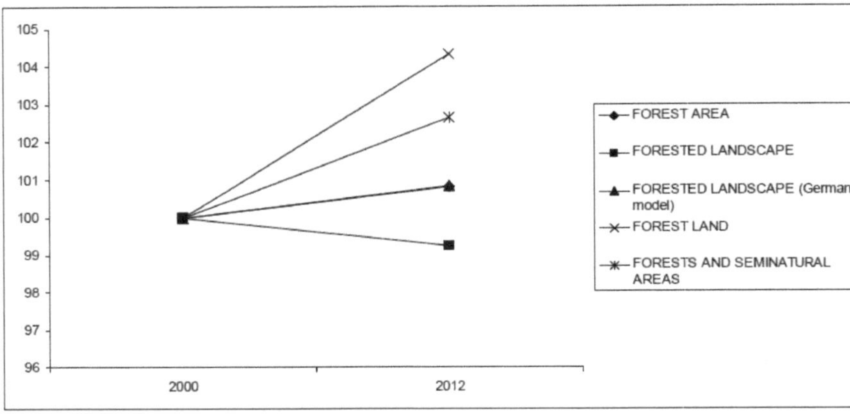


Fig.3.13. Variação do número de polígonos por indicador 2000-2012.

As alterações no número de polígonos implicam a ocorrência de alterações no habitat, mostrando a sua ampliação ou redução de tamanho. A Fig. 3.13 apresenta um aumento notável de 0,8 % no número de polígonos do indicador de área florestal, e os resultados do aumento da área coberta por floresta foram de 1,5 % ou cerca de 35 000 ha (Fig. 3.12) no período de 2000-2012. Daqui se pode concluir que, durante o período de 12 anos, ocorreram formações de ecossistemas florestais estáveis, bem como a ampliação da área sob floresta.

Quase o mesmo padrão segue o indicador do modelo alemão de paisagem florestal, que tem em conta toda a vegetação de transição de bosque/arbusto (classe 324). Algumas zonas de fases de transição evoluem para ecossistemas florestais de clímax, enquanto algumas zonas florestais, devido aos processos de degradação, se tornam zonas fragmentadas de fases de vegetação de transição. O indicador da paisagem florestal mostra uma diminuição do número de polígonos no período de 2000-2012 (Fig. 3.13) devido ao facto de ter em conta metade da classe 324. Ao mesmo tempo, o aumento da área sob ecossistema florestal sobrepõe-se ao indicador de área florestal (Fig. 3.12.).

Esta sobreposição de alterações entre estes dois indicadores, juntamente com as alterações no número de polígonos, na área florestal e nos indicadores do modelo alemão de paisagem florestal, conduz a uma ligação muito significativa entre as classes de ecossistemas florestais (classes 311, 312 e 313) e a vegetação arbustiva de transição (classe 324).

O indicador de terrenos florestais inclui dados da classe 324, que define a região com vegetação arbustiva e árvores dispersas, e verifica-se que esta classe regista o aumento mais significativo da área e do número de polígonos. Este indicador pode representar ambas as fases de degradação e/ou regeneração das florestas, sendo de esperar que na classe 324 sejam incluídas pequenas parcelas de terreno rodeadas ou intersectadas por florestas.

Atualmente, uma vez que é reconhecida a tendência de migração das pessoas das zonas rurais para as urbanas, ocorre frequentemente o processo de sucessão da vegetação natural dos antigos campos e pastagens para a floresta. No que respeita ao número de polígonos da classe das florestas de coníferas e mistas, verifica-se um aumento de cerca de 10 % no período 2000-2012. Ao mesmo tempo, a superfície das florestas acima mencionadas aumentou cerca de 13%. De qualquer modo, deve ter-se em conta que estas florestas ocupam apenas 10% do total das florestas da Sérvia (Fig. 3.7.), e o facto importante é que a vegetação arbustiva-arbórea de transição (classe 324) ocupa áreas maiores do que as florestas de coníferas e mistas em conjunto.

Na Sérvia, no que respeita aos ecossistemas florestais, predominam as florestas de folhosas (90%). O número total de polígonos de florestas de folhosas diminuiu cerca de 5% no período 2000-2012, enquanto o número de vegetação arbórea-arbustiva de transição (classe 324) aumentou cerca de 10%. Juntamente com a redução do número de polígonos de florestas de folhosas, a área deste tipo de floresta aumentou cerca de 0,5% no período 2000-2012. Relativamente a estes dois factos opostos, pode concluir-se que, durante este período, se verificou um aumento significativo da área de florestas de folhosas. O número de polígonos das classes de transição 324 aumentou em cerca de 10% e, no mesmo período, a área aumentou em cerca de 10%. Daqui se pode concluir que durante este período foram criadas novas áreas de vegetação de transição (classe 324), o que significa que uma quantidade significativa de terra de outras classes foi incluída no processo de sucessão para a floresta e novas áreas foram incluídas na classe de transição 324.

Uma vez que o indicador de terrenos florestais e o modelo alemão de indicador de paisagem florestal têm em conta toda a classe de vegetação arbórea-arbustiva de transição, surgiu uma questão lógica - porque é que o modelo alemão de indicador de paisagem florestal não tem a mesma intensidade de incremento que o indicador de terrenos florestais? A explicação para isto reside no facto de que no cálculo da paisagem florestal alemã está incluído apenas um terço da classe 243. A classe 243 é utilizada para assinalar uma área predominantemente agrícola com uma proporção significativa de vegetação natural. A quantidade de terras agrícolas incluídas nesta classe situa-se entre 25 e 75 % da superfície total.

Além disso, esta classe inclui prados naturais ou florestas, principalmente nas imediações de uma aldeia. Se chamarmos a atenção para os resultados do cálculo do modelo alemão do indicador de paisagem florestal durante o período analisado, verifica-se que a classe 243 reduziu a área de 12,7% em 2000 para 12,2% em 2012. Durante o processo de sucessão da vegetação, a classe 243 (principalmente área agrícola com uma proporção significativa de vegetação natural) muda predominantemente para a classe 324 (vegetação arbórea de transição). A classe 243 distribui-se principalmente nas zonas rurais, onde se regista uma tendência significativa para a migração e a diminuição do número de cabeças de gado. O modelo alemão do indicador de paisagem florestal mostra um menor aumento do que o indicador de terras florestais, durante o período 2000-2012, devido ao facto de incluir apenas um terço do decréscimo da classe 243.

As florestas e as áreas semi-naturais também registam um aumento significativo durante o período 2000-2012. As alterações nos resultados da soma das classes 321 + 331 + 332 + 333 + 334 indicam um decréscimo de uma área no período analisado (Fig. 3.10.), mas ao mesmo tempo notou-se um decréscimo no número de polígonos de cerca de 5 %. Não se deve esquecer que as áreas florestais e semi-naturais ocupam toda a classe de transição (classe 324) que mostra um aumento significativo na superfície e no número de polígonos. A conclusão que se pode tirar deste facto é que as categorias de terra das classes de vegetação natural foram sujeitas a uma sucessão para as florestas.

### 3.2.3. *Evolução 1990-2012*

Se compararmos a variação do valor relativo dos indicadores no período 1990-2012, todos os indicadores florestais são positivos. No entanto, há uma diferença nas mudanças na dinâmica dos indicadores.

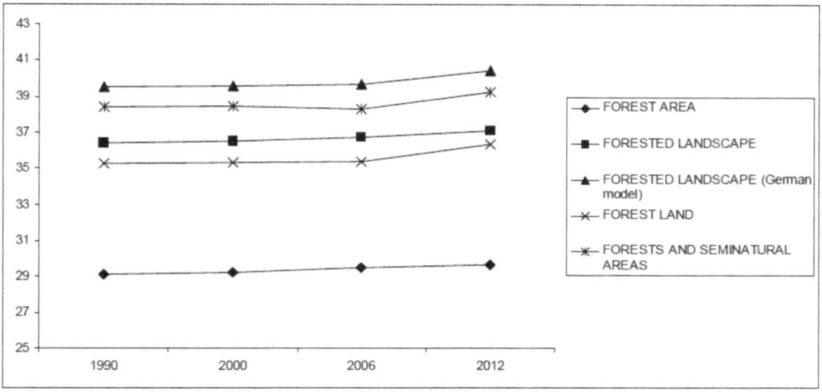


Fig.3.14. Variação dos indicadores durante os anos 1990-2000-2006-2012.

O valor relativo (percentagem do território da Sérvia, sem o Kosovo e Metohija) não pode apresentar claramente a dinâmica e a intensidade das alterações, apesar de existir uma diferença na dinâmica. É por isso que a dinâmica é apresentada em comparação com o ano de referência de 1990 (100 %). Daqui se pode concluir que as mudanças no período 1990-2000 têm uma intensidade semelhante e uma dinâmica relativamente pequena, enquanto as mudanças no período 20002006-2012 são proeminentes (Fig.3.14.).

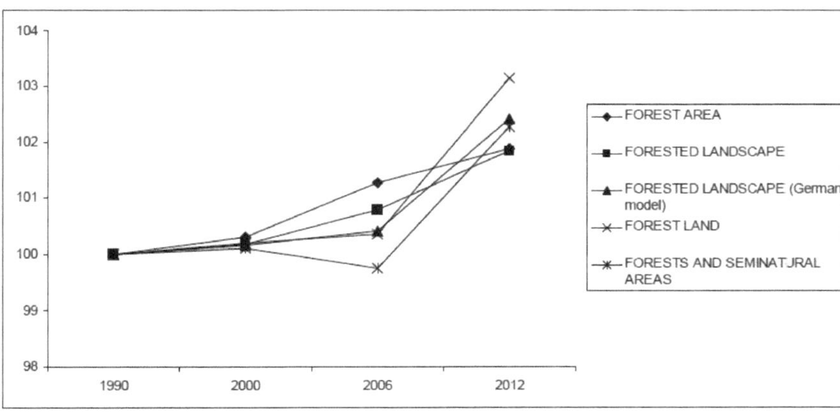


Fig.3.15. Variações relativas dos indicadores durante os anos 1990-2000-2006-2012 (100%=1990.)

A figura acima (3.15.) aponta para o facto de todos os indicadores mostrarem um incremento distinto no período 2000-20012. A análise pormenorizada do período intermédio, 2006, mostrou que todos os indicadores, exceto as áreas florestais e semi-naturais, apresentam uma tendência de mudança positiva (Fig. 3.15.).

Durante o período 2000-2006, o indicador "Terrenos florestais" registou o aumento mais acentuado, cerca de 1 %. O mesmo indicador no período de seis anos seguinte, 20062012, apresenta as menores variações positivas, cerca de 0,6%.

Os indicadores "Terras florestais" e "Modelo alemão de paisagem florestal", no período de 2000-2006, registaram um aumento de cerca de 0,15%, sendo o indicador "Terras florestais" o que apresenta a variação positiva mais significativa, de 2,7%, enquanto o "Modelo alemão de paisagem florestal" registou um aumento de cerca de 2%.

O indicador da paisagem florestal tem uma dinâmica de aumento muito estável, registando no período 2000-2006 um aumento de cerca de 0,6% e no período 2006-2012 um aumento de cerca de 1,1%.

Embora os indicadores Área florestal e Paisagem florestal tenham uma dinâmica de mudança diferente no período 2000-2006 e 2006-2012, têm um valor idêntico em 2012. Relativamente às alterações em 1990-2000, esta alteração é totalmente diferente, devido ao facto de ambos os indicadores terem tido alterações totalmente diferentes (Fig.3.11.).

Se prestarmos atenção às mudanças relativas do valor do indicador, na medida em que os dados para cada época anterior capturada são apresentados como referente um (100 %), então pode ser notada uma dinâmica de mudança um pouco diferente. A informação mais significativa é que o indicador Área florestal mostra um decréscimo no período 2006-2012, se o ano de 2006 for apresentado como referência. (Fig.3.16.).

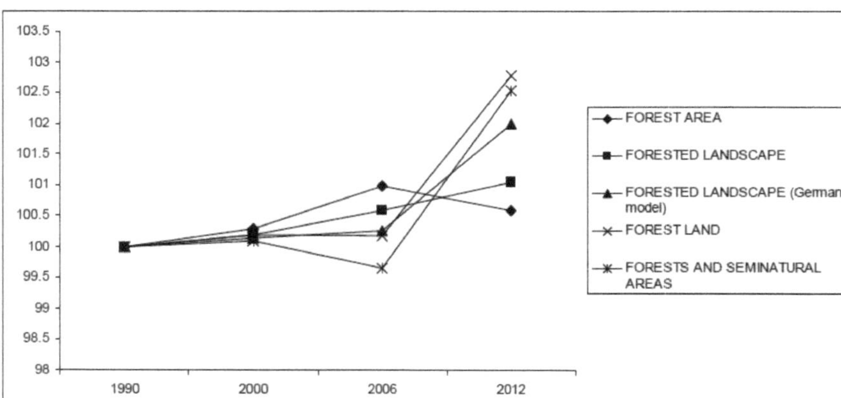


Fig.3.16. Variações relativas dos indicadores durante os anos 1990-2000-2006-2012 (cada ano anterior é 100 para o ano seguinte)

Todos os outros indicadores apresentam uma dinâmica de mudança semelhante, mesmo quando o ano de 1990 é considerado como referência. Verifica-se que o maior aumento ocorre no período 2006-2012 no indicador Florestas e áreas semi-naturais, com cerca de 3%. Foi detectada uma tendência positiva no indicador de terras florestais, cujo valor foi de cerca de 2,6%. O modelo alemão de paisagem florestal registou um aumento de valor de cerca de 1,7%, enquanto o indicador de paisagem florestal registou um aumento de cerca de 0,5% (Fig. 3.16.).

Simplificando a representação da dinâmica das alterações dos indicadores, excluindo os dados relativos ao ano de 2006, e analisando as alterações durante o período de dez e doze anos, 19902000-2012, obtém-se uma imagem clara das alterações dinâmicas. Relativamente às mudanças de dinâmica, tomando como referência o ano de 1990, apresentado com 100 %, todos os indicadores mostram um aumento. Ao mesmo tempo, é possível notar que, no período 1990-2000, a mudança dinâmica é muito pequena (Fig.3.17.). Os indicadores da área florestal e da paisagem florestal registam um aumento diferente no período 1990-2000 e um aumento quase idêntico no período 2000-2012 (Fig.3.17.). Simultaneamente, no período 1990-2000, os indicadores da área florestal registaram o maior aumento, enquanto no período 2000-2012 registaram o menor aumento.

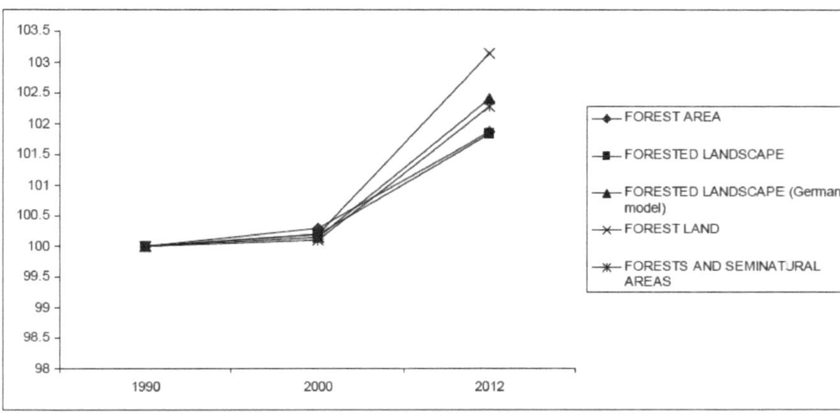


Fig.3.17. Variações relativas dos indicadores durante os anos 1990-2000-2012 (100 %=1990.)

Três outros indicadores, incluindo o modelo alemão de paisagem florestal, registaram quase as mesmas alterações em termos de valor, mas menos do que o indicador de área florestal, no site 20002006 registaram alterações significativas (Fig. 3.16.). Como se pode ver na Fig. 3.17, os indicadores da área florestal e da paisagem florestal têm um valor idêntico em 2012. A maior intensidade de alterações no período de 2000-2012 é registada no indicador "Terras florestais". Um incremento semelhante é registado nos indicadores Áreas florestais e semi-naturais e no indicador Modelo alemão de paisagem florestal no período 2000-2012.

As alterações idênticas dos indicadores podem ser notadas se forem tomadas em consideração as alterações relativas no valor dos indicadores, de modo a que cada época anterior capturada represente 100 % da época seguinte (Fig. 3.18).

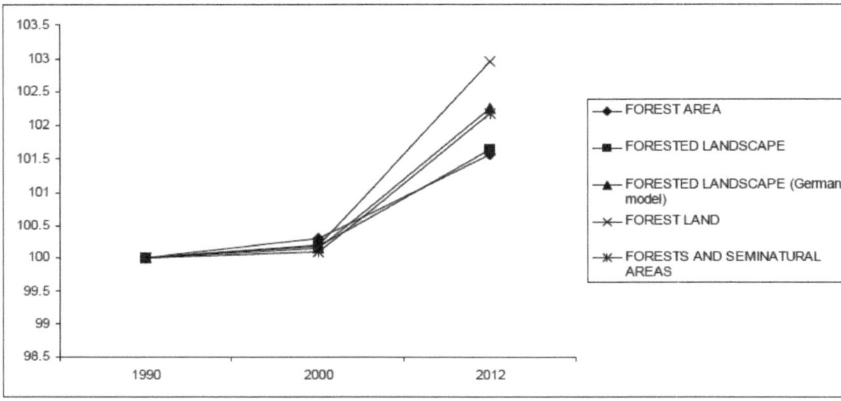


Fig. 3.18. Variações relativas dos indicadores durante os anos 1990-2000-2012 (cada ano anterior é 100 para o ano seguinte).

De todos os factos acima mencionados pode concluir-se que neste período houve um aumento da área que pode ser marcada como floresta potencial. Embora o maior incremento tenha sido registado para o indicador Área florestal, no período 1990-2000 (Fig.3.11.) e no período seguinte de doze anos, 2000-2012, apresentou um aumento mínimo (Fig.3.18.). Este indicador leva em consideração apenas os ecossistemas florestais complexos já formados por polígonos de floresta, sem levar em consideração os estágios de transição da vegetação ou a área de florestas potenciais. Devido a isso, o indicador de incremento da área florestal apresentou as menores mudanças no período 2000-2012, embora todos os outros indicadores, cada um deles de sua maneira específica, incluam e considerem a vegetação de transição e as áreas de florestas potenciais, no período 1990-2000 apresentaram incremento.

Deve-se destacar que o incremento dos padrões de vegetação de transição e das áreas de ecossistemas florestais potenciais pode levar ao incremento de áreas florestais no futuro. Porém, é difícil dizer em que intensidade esse incremento de áreas de vegetação de transição e de ecossistema florestal potencial pode influenciar a sucessão no período seguinte e a formação de áreas florestais.

Por essa razão, nos parágrafos seguintes devem ser analisadas as alterações no número de polígonos.

### 3.2.4 *Mudanças no número de polígonos 2000-2012*

Os resultados da monitorização da evolução do número de polígonos no período 2000-2012 são apresentados na Fig.3.19. Analisando os resultados, pode concluir-se que o número absoluto de polígonos é quase idêntico no período 2000-2012.

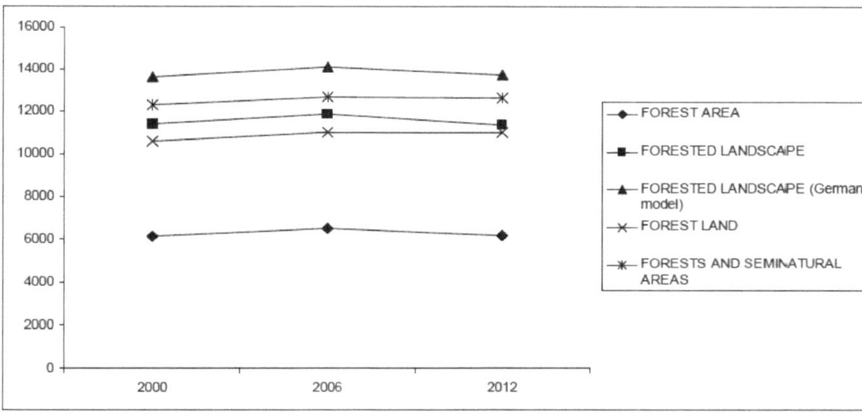


Fig.3.19. Variação do número de polígonos indicadores por ano 2000-2006-2012.

Por outro lado, se seguirmos as alterações do número absoluto de polígonos de cada indicador (Fig.3.20.), verificamos que os indicadores da área florestal, da paisagem florestal e do modelo alemão de paisagem florestal seguem praticamente o mesmo padrão dinâmico no período 2000-2012. O número de polígonos de cada indicador no ano 2006 é superior ao número de polígonos nos anos 2000 e 2012. Este facto é, muito provavelmente, consequência da utilização de uma metodologia diferente no CORINE Land Cover, mas também pode ser o resultado de alterações dinâmicas intensas do habitat no terreno.

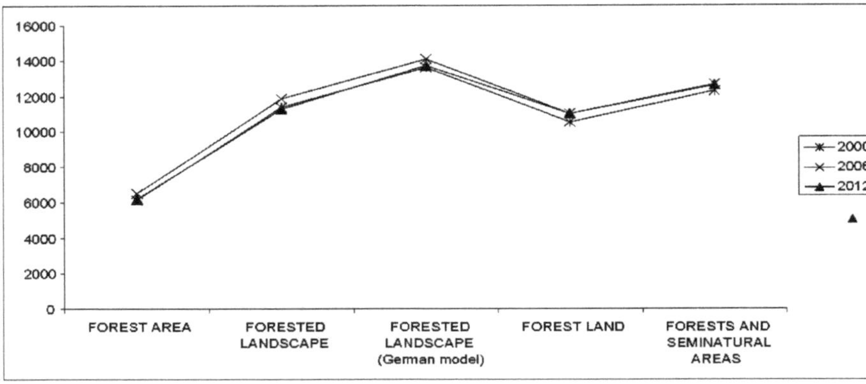


Fig.3.20. Variação do número de polígonos por indicador.

Analisando os dados apresentados na parte direita da Fig.3.20. pode concluir-se que o número de polígonos dos indicadores Terras florestais e Áreas florestais e semi-naturais em 2012 (linha com triângulos) é superior ao de 2000 (linha com flocos de neve). Este é um indicador direto das intensas alterações dinâmicas do habitat no terreno, devido aos indicadores Terrenos florestais e Áreas florestais e semi-naturais que têm em conta a vegetação arbustiva-arbórea de transição (classe 324) ou a classe de prados naturais (classe 321) ou a classe de espaços abertos com vegetação arbustiva (classes 331, 332, 333 e 334). Uma vez que estas classes têm a dinâmica de mudança mais significativa, estas áreas naturalmente abertas ou semi-cobertas apresentam áreas ideais para iniciar a sucessão para florestas. Outro facto é que estas áreas, tal como as áreas rurais, são adequadas para o povoamento e cobertura por alóctones, espécies invasoras que nas fases iniciais da sucessão proporcionam o rápido desenvolvimento de vegetação arbustiva e nas fases posteriores da sucessão a transformação em coberto arbóreo. Esta pode ser também uma razão para o aumento do número de polígonos por indicador.

Esta alteração é mais visível na Fig. 3.21, que compara a alteração relativa do número de polígonos, em que o número de polígonos em 2000 é considerado como 100 %. No período de 2000-2012, o número de polígonos dos indicadores "Terras florestais" e "Áreas florestais e semi-naturais" em 2012 é superior ao de 2000, enquanto os indicadores "Área florestal", "Paisagem florestal" e "Modelo alemão de paisagem florestal" apresentam um número de polígonos igual ou inferior ao de 2000. Além disso, verifica-se que o número de polígonos de todos os indicadores em 2006 tinha um valor mais elevado em comparação com os dados de 2000, enquanto em 2012 o número total de polígonos dos indicadores "Terrenos florestais" e "Áreas florestais e semi-naturais" era idêntico aos dados de 2006. Três outros indicadores mostraram que o número de polígonos em 2012 é significativamente inferior ao de 2006.

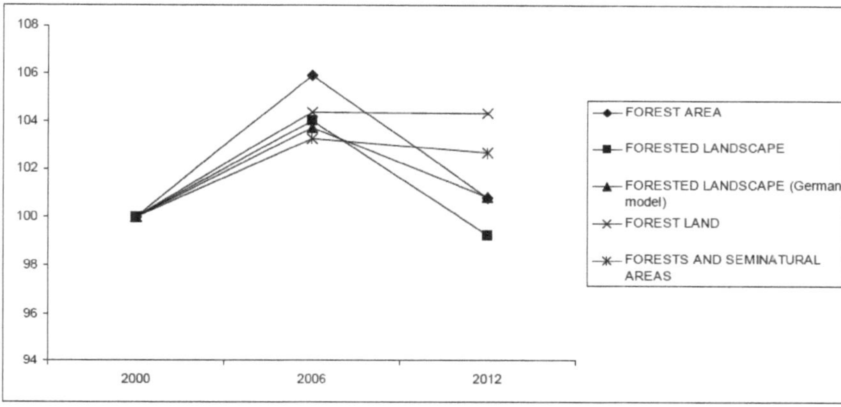


Fig.3.21. Variação relativa do número de polígonos indicadores 2000-2006-2012 (100%=2000.)

Se as mudanças dinâmicas no número de polígonos forem apresentadas como mudanças relativas, em que os dados de cada ano anterior são 100% para o ano seguinte (Fig.3.22.), pode notar-se que a diminuição do número de polígonos é bem expressa nos indicadores Área florestal e Paisagem florestal no período 2006-2012, e também em 2000-2012. É importante salientar que estes resultados apresentam o facto mais impressionante de ter ocorrido uma ampliação da área florestal. Uma vez que o indicador "área florestal" apenas considera as classes de áreas florestais (classes 311, 312 e 313) e, ao mesmo tempo, este indicador mostra um aumento da área coberta por floresta de cerca de 35 000 ha no período 2000-2012 (Fig. 3.12.), a única conclusão que pode ser retirada é que as áreas mais pequenas foram fundidas em grandes áreas.

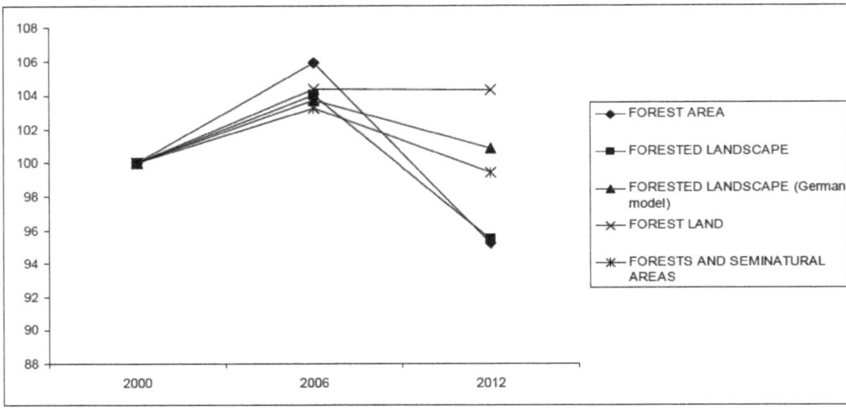


Fig.3.22. Variação relativa do número de polígonos indicadores 2000-2006-2012 (cada ano anterior é 100 % para o ano seguinte).

A mesma conclusão pode explicar o estado e as mudanças no indicador de paisagem florestal que, para além das áreas florestais, conta também com vegetação arbustiva florestal de transição (classe 324) e áreas agro-florestais (classe 243). Estas classes de transição apresentam o último estádio de vegetação antes de chegar ao último, as florestas.

O modelo alemão do indicador de paisagem florestal considera a vegetação arbustiva florestal de transição (classe 324) e as áreas agro-florestais (classe 243), incluindo uma percentagem diferente em comparação com o indicador anterior, e segue o mesmo padrão de alteração do número de polígonos no período 2000-2012 que o indicador de área florestal no mesmo período (Fig. 3.13).

De um modo geral, pode concluir-se que a diminuição do número de polígonos das classes florestais (classes 311, 312 e 313), juntamente com o aumento da área florestal, ocorreu devido à vegetação arbustiva arbórea de transição (classe 324) e às áreas agro-florestais (classe 243). Estas classes de ocupação do solo encontram-se no último estádio de sucessão antes da floresta e muitas áreas mais pequenas de vegetação de transição e áreas agro-florestais foram fundidas com polígonos de florestas existentes ou formaram novas áreas florestais. É interessante o facto de o indicador de paisagem florestal apresentar uma diminuição do número de polígonos no período 2000-2012, em comparação com a área florestal e o modelo alemão de indicadores de paisagem florestal. Muito provavelmente, este facto resulta da inclusão de apenas metade das classes de vegetação arbustiva florestal de transição (classe 324), em comparação com o modelo alemão de indicador de paisagem florestal que inclui toda a classe 324.

Relativamente aos resultados, é importante salientar que, no período 2000-2012, o indicador de paisagem florestal se revelou o mais rigoroso na monitorização das alterações da vegetação florestal.

# CAPÍTULO 4. CONCLUSÕES

A base de dados contabilísticos de ocupação do solo CORINE é altamente flexível e o seu valor total só será reconhecido quando outros utilizadores começarem a explorar os dados por si próprios. O seu valor está patente nos dados e nas ferramentas associadas, que têm como principal objetivo ajudar a resolver problemas. O valor dos dados e das ferramentas reflecte tanto os conhecimentos que podem trazer, como as técnicas inovadoras que foram utilizadas na sua construção. A apresentação da informação neste capítulo tem como objetivo dar uma visão geral das metodologias para que os potenciais utilizadores possam compreender como podem ser utilizadas como ferramentas contabilísticas, tanto para reproduzir a análise para si próprios como para continuar a conceber novos tipos de resultados.

## 4.1 *Evolução 1990-2000*

Com base nos dados acima apresentados e nos resultados da análise das alterações em 1990-2000, pode concluir-se que o indicador da área florestal fornece informações rigorosas sobre grandes complexos florestais que podem ser utilizadas para a gestão e o planeamento futuros, para uma utilização e conservação sustentáveis. O incremento observado do indicador de 0,296% e o incremento dos indicadores de superfície durante o período 1990-2000 podem ser muito importantes, tanto para o planeamento na silvicultura, como para a análise do habitat, particularmente no aspeto da biodiversidade.

No período 1990-2000, o indicador Paisagem Florestal segue a tendência crescente de 0,186%. Uma vez que fornece informações sobre parâmetros ecofisiológicos, pode ser utilizado principalmente no cálculo da capacidade de emissão e num possível "comércio de gases". Este aumento de valor fornece informações muito optimistas para as actividades mencionadas.

No período analisado de 1990-2000, também se registou um aumento da área de vegetação de prado de 619,6 ha. Esta informação é importante e encorajadora, especialmente para a biodiversidade do habitat.

Foi observado um aumento de 0,193% nas terras e indicadores florestais durante o período de 1990 a 2000. Estes dados são valiosos sobretudo para a possível expansão da área florestal, bem como para o planeamento da utilização sustentável e de um possível "comércio de gases".

Com base nos dados obtidos pela metodologia CORINE de ocupação do solo, a vegetação de prado ocupava 23,46% da superfície. Em relação a 1990th , a tendência de aumento da superfície, para os 770,4 ha, é encorajadora para o incremento da diversidade paisagística.

No período analisado, também se observou uma mudança positiva na dimensão do indicador Florestas e áreas semi-naturais em 0,1 %. A utilidade desta informação reside na possibilidade de analisar a expansão da área (em termos de utilização e desenvolvimento sustentáveis), mas também de determinar a estabilidade de certos habitats, especialmente nas zonas de alta montanha.

Os resultados da análise dos dados, obtidos através da metodologia CORINE de ocupação do solo, mostraram que a vegetação de prado ocupa 28,03%. Relativamente ao ano de 1990, verificou-se uma tendência de aumento da superfície coberta por vegetação de prado para 15 052,8 ha.

### 4.2 *Evolução 2000-2012*

A única conclusão que pode ser tirada comparando as mudanças no período 20002012 com o período anterior analisado, 1990-2000, é que as mudanças em todos os indicadores, no período 2000-2012, são dez vezes maiores. Esta é a conclusão mais importante de todo o trabalho de investigação. Assim, as alterações da vegetação em 2000-2012 foram significativas e intensas em comparação com o período anterior.

Por outro lado, registaram-se alterações na quantidade de incremento de cada indicador. Enquanto no período 1990-2000 a alteração mais significativa ocorreu no indicador Área florestal (aumento da superfície coberta por florestas de 0,296 %, ou seja, um aumento da superfície de 6 690 ha), no período 2000-2012 o mesmo indicador registou a menor alteração, com 1,53 % ou 34 681 ha.

O indicador "Terras florestais" apresentou a maior intensidade de alterações no período 2000-2012, seguido dos indicadores "Florestas e áreas semi-naturais" e do indicador "Modelo alemão de paisagem florestal". Relativamente aos resultados da análise, no período 20002012, como uma das informações obtidas mais significativas e a mudança mais significativa, é o maior aumento na área de terras florestais (Fig.3.12.) para cerca de 3 % ili 79 772 ha. Durante o período de 1990-2000, também se registou um aumento no valor do indicador de terras florestais de 0,19%, representando um aumento na área de superfície de 5 271 ha.

Os indicadores de florestas e áreas semi-naturais e o indicador do modelo alemão de paisagem florestal mostraram uma mudança semelhante no período de dois anos, 2000-2012, em cerca de 2,2 % ou cerca de 54 000 ha. Relativamente aos resultados da análise dos dados do período 1990-2000, verificou-se que a dimensão dos indicadores de florestas e áreas semi-naturais aumentou 0,1% e a do modelo alemão de paisagem florestal aumentou 0,152%.

### 4.3 *Evolução 1990-2012*

Relativamente aos resultados da análise, pode concluir-se que, no período 1990-2000, a dinâmica de mudança não foi significativa e foi quase estável (Fig.3.11.). Nos indicadores da área florestal e da paisagem florestal, notou-se um aumento diferente no período 1990-2000 (Fig.3.11.) e quase o mesmo aumento no período 2000-2012 (Fig.3.12.). Ao mesmo tempo, no período 1990-2000, o indicador Área florestal registou o maior aumento, enquanto no período 2000-2012 registou o menor aumento.

Três outros indicadores, Terrenos florestais, Áreas florestais e semi-naturais e Modelo alemão de paisagem florestal, embora no período 1990-2000 tenham registado um aumento semelhante, este incremento foi inferior ao do indicador da área florestal, enquanto no período 2000-2012 se registou um aumento significativo (Fig. 3.12.). Como se pode ver na Fig.3.12. Os indicadores Área florestal e Paisagem florestal têm valores idênticos em 2012. A intensidade mais elevada de incremento no período 2000-2012 é registada no indicador "Terrenos florestais". O indicador de áreas florestais e semi-naturais e o indicador do modelo alemão de paisagem florestal registaram um aumento quase semelhante no período 2000-2012.

De um modo geral, pode concluir-se que, no período 1990-2000, a sucessão da vegetação natural foi em direção aos ecossistemas florestais, com o aumento de uma área de vegetação de transição, e no período seguinte, 2000-2012, esta vegetação de transição já atingiu o estádio florestal e aumentou significativamente tanto a área coberta pela floresta como outras áreas que foram incluídas no estádio de vegetação florestal.

O processo de reflorestação é um dos mais dominantes na Sérvia. É difícil recomendar qual o indicador mais adequado, devido à variedade de objectivos e à diferente adaptabilidade dos indicadores. Por exemplo, se for necessário estimar ou monitorizar o possível comércio de gases no futuro, os terrenos florestais e as áreas florestais e semi-naturais podem ser os indicadores mais precisos e preferidos. Mas se for necessário monitorizar ou estimar os potenciais de desenvolvimento da indústria da madeira, então os indicadores de área florestal e de paisagem florestal são os mais úteis. No que diz respeito aos parâmetros biológicos das alterações do habitat, os indicadores da área florestal e da paisagem florestal são muito adequados, representando a estabilidade dos ecossistemas florestais e, ao mesmo tempo, podem mostrar a diminuição ou mesmo o desaparecimento de "pequenos" habitats como classes de áreas naturais (classes 32x e 33x).

## REFERÊNCIAS


Bankovic, S., Medarevic M., Pantic, D. e Petrovic, N. (2009) National Inventory of Serbian Forests (em sérvio). 1. ed. Belgrado: Ministério da Agricultura, Florestas e Gestão da Água da República da Sérvia, Direção das Florestas

Bossard, M., Feranec, J., Otahel, J., (2000), CORINE land cover technical guideAddendum 2000, Agência Europeia do Ambiente, Copenhaga.

Dedijer, A., Mitrovic-Josipovic, M., Radulovic, E, Dimic, B., Maric, L., Krunic-Lazic, M., Spegar, G., Vidojevic, D., Jovanovic, M., Veljkovic, N., Jovicic, M., Redzic, N., Popovic, S., Pajcin, N., Lekic, D., Popovic, T. (2007) ENVIRONMENT IN SERBIA- an indicator based review Pub: Agência Sérvia de Proteção do Ambiente. Ed. B. Karadzic e A. Mijovic.

Agência Europeia do Ambiente, (2006), Relatório da AEA, Land account for Europe 19902000, Copenhaga, n.º 11/2006.

AEA, O quadro DPSIR utilizado pela AEA (2007)

(http://ia2dec.pbe.eea.europa.eu/knowledge_base/Frameworks/doc101182)

Heymann, Y., Steenmans, Ch., Criosille, G. e Bossard, M. (1994) CORINE Land Cover. Guia técnico. Luxemburgo (Serviço das Publicações Oficiais das Comunidades Europeias)

Keil, M., Kiefl, R., Strunz G., (2005), CORINE Land Cover 2000- Germany, German Aerospase Center, Wessling, Alemanha.

Mijovic, A., Popovic, S., Stavretovic, N., Sekulic, N., Radovic, I. (2012) Biodiversity in Serbia: state and perspectives (em sérvio), Beograd, Zavod za zastitu prirode Srbije. Ed: Nenad Stavretovic

Conferência Ministerial sobre a Proteção das Florestas na Europa (2007), State of Europe's forests 2007, Varsóvia, Polónia

Avaliação Ecossistémica do Milénio (2005). Avaliação Ecossistémica do Milénio, Ecossistemas e Bem-Estar Humano: General Synthesis, Millennium Ecosystem Assessment Series, Island Press, ISBN: 1-59726-040-1. http://millenniumassessment.org//en/

Reunião de peritos da OCDE sobre indicadores de agro-biodiversidade, Zurique, Suíça, novembro de 2001 (http://www1 .oecd.org/agr/biodiversity/index.htm)

Popovic, S., Mitic, M., Dzoljic, J. (2011) Analysis of forestland indicators obtained by

CORINE Land Cover methodology, First Serbian forestry congress- Congress abstracts, Pub. Universidade de Belgrado, faculdade de silvicultura, Ed. R. Ristic. M. Medarevic. Z. Popovic

Popovic, S., Mitic, M., Dzoljic, J., (2015) Comparative analysis of indicators obtained by corine landcover methodology for sustainable use of forest ecosystems, Journal of process management - new technologies, International Volume 3, No. 3, 17-25

Radovic, F. (ed). 2015. Relatório de Proteção Ambiental para 2014 (em sérvio). Agência Sérvia de Proteção do Ambiente http://www.sepa.gov.rs/download/Izvestaj2014.pdf

MIX
Papier aus verantwortungsvollen Quellen
Paper from responsible sources
FSC® C105338

Printed by Books on Demand GmbH, Norderstedt / Germany